原発社会からの離脱

自然エネルギーと共同体自治に向けて

宮台真司×飯田哲也

講談社現代新書

2112

まえがき——「原発をどうするか」から「原発をやめられない社会をどうするか」へ

宮台真司

福島第一原発事故に関する議論には、技術的不合理に関するものとは別に、社会的不合理に関するものがあり得る。説明しよう。何が技術的に合理的かについて合意できたとしても事柄の半分にしかならない。なぜならこの日本社会は、技術的に合理的だと分かっていることを社会的に採用できないことで知られるからだ。その意味で「(今でも)原発をやめられない日本社会」にこそ問題がある。そう。先の敗戦から引き継がれた問題だ。机上模擬演習では負けることが自明だった日米開戦を、なぜやめられなかったのか。

この問題を僕は〈悪い共同体〉と、それに結合した〈悪い心の習慣〉と呼んできた。社会変動期には、国家の命運をかけてプラットフォームを変更しようとする政治家と、命がけでプラットフォームに固執する行政官僚の、血みどろの争いが展開する。政治家一人が見渡せる領域が限られてくる社会的複雑性の増したグローバル化状況では、政治家の行政官僚依存が不可避になるので、この戦いでは行政官僚が勝利しがちなのだ。だがウェーバーやアガンベンが見通したこうしたユニバーサルな傾向とは別に、日本的条件がある。

先の敗戦に関する山本七平『「空気」の研究』をはじめとする数々の傑出した「失敗

の研究」が明らかにしてきたように、行政官僚（先の大戦では軍官僚）の暴走を政治家が止められない理由として、「今さらやめられない」「空気に抗えない」といった言葉に象徴される独特の〈悪い共同体〉の〈悪い心の習慣〉があるのである。問題は先の大戦から間違いなく引き継がれている。原発政策の背後にも〈悪い共同体〉の〈悪い心の習慣〉が存在する。これを意識化できない限り、どんなに政策的合理性を議論しても、稔《みの》りはない。

既にお分かりだろうが、〈悪い共同体〉の〈悪い心の習慣〉の逆機能は、盲目的依存に集約される。行政官僚制への依存であり、市場への依存であり、マスコミへの依存であり、政府発表への依存である。総じて「〈システム〉への盲目的依存」と呼べるだろう。かかる盲目的依存を、「空気」への依存や、「みんな」への依存が、強力に後押しする。その結果、もはや機能不全が明らかな制度や仕組みや政策が、思考停止状態で推進され続ける。その姿はあたかも「ブレーキの壊れたタンクローリー」の如きである。恐ろしい。

グローバル化した高度技術社会では、盲目的な過剰依存はなおさら問題だ。震災で想定外が云々されるが、チェルノブイリ事故の同年に出た社会学者ベック『危険社会』によれば、想定外の際、事態は収拾可能か否かが問題だ。ギネス級堤防があって全滅した所もあれば、低い堤防しかないのに「想定に囚われず、全力で逃げろ」の教えでほぼ全員助かる所もあった。「絶対安全な」原発にせよ堤防にせよ〈システム〉過剰依存が〈システム〉崩壊の際に地獄を来《きた》す。なのに「もっと高い堤防を」「もっと安全な原発を」は愚昧《ぐまい》だ。

防災に限らない。欧州では共同体が〈市場〉や〈国家〉などの〈システム〉に過剰依存する危険を共通認識とする。だからスローフードや自然エネルギーが普及した。日本はグローバル化で〈市場〉と〈国家〉が回らなくなって以降、自殺・孤独死・高齢者所在不明・乳幼児虐待放置が噴出した。〈システム〉過剰依存による共同体空洞化が原因だ。震災でも支援物資や義援金を配れない状態が続いた。行政は平時を前提とするから非常時に期待できない。反省すべきは共同体自治の脆弱さだ。復興は共同体自治に向かうべきだ。

食とエネルギーが手掛りになる。欧州では、福祉国家政策失敗を機にスローフード化＝食の共同体自治が進み、チェルノブイリ原発事故を機に自然エネルギー化＝エネルギーの共同体自治が進んだ。〈システム〉機能不全の際の安全保障になり、経済発展も生む。特定の電力会社からしか電気を買えないのは変で、電力会社も電源種も自家発電も選べるのが先進国標準だ。共同体自治による復興には産業構造改革・税制改革・霞が関改革が必須だ。株式時価総額一兆円超の自然エネルギー企業が世界に四社あるが日本企業は圏外だ。

かかる改革に加え、価値観も見直す必要がある。日本のＧＤＰは世界三位だが幸福度は七五位以下。エネルギーや物に頼らなくても幸せに溢れた社会がある。そう。僕について言えば学問の〈最終目的〉が問われている。〈システム〉依存を加速するだけの学問か。共同体の自立に必要な知識社会に貢献する学問か。日本は前者に偏り、しっぺ返しを食った。宗教が生活に根付いた社会では、便利や快適よりも幸せを、そして幸せよりも入れ替え不能性に関わる尊厳を大切にできる。日本には乏しい。尊厳には自治と自立が必要条件である。

講談社から震災を機に新書を書けとの御依頼をいただいた。僕は即座に飯田哲也《てつなり》氏との共著ならば引き受けると返答申し上げた。飯田氏とは以前からインターネット番組（マル激トーク・オン・ディマンド）などで何度もご一緒させていただいてきたが、氏は、技術的非合理性（技術に関わる政策的非合理性）の問題に通暁《つうぎよう》されつつ、元々原子力ムラにおられたがゆえに原子力政策遂行に関わる社会的非合理性にも通暁しておられる唯一の方だ。

僕と同じ一九五九年生まれの飯田氏は、京都大学原子核工学専攻から原子力ムラを経て、今は自然エネルギー政策の国際的な専門家として世界中で活躍しておられる。原子力と各種自然エネルギーをリスク面・コスト面・温暖化面・産業振興面・社会政策面など総《あら》ゆる側面で比較してこられ、『北欧のエネルギーデモクラシー』の主著もある。だが本書ではそうした従来の議論とは別に、人々の動きの非合理性に焦点を当てて深く議論していただいた。他所では知ることができない氏の少年時代の話なども、僕には大きな衝撃だった。

僕は飯田氏と知り合いであることが以前から誇らしかった。だが彼の名を知らない人が多すぎることに憤慨してきた。とりわけ震災直後にはその思いを深くした。共著相手に即座に氏の名前を挙げたのは当然すぎる。だが、震災の不幸中の数少ない幸いというべきか、本書の企画を持ち込まれてから一ヵ月、飯田氏は日本で最も有名な知識人の一人になられた。震災後、原子力エネルギーとその他のエネルギーについて、技術的合理性や政策的合理性をあらゆる面で比較して議論できる方が、氏一人しかおられなかったからだ。

復興が単なる復旧なら、依存の盲目的反復で日本は沈む。歴史を振り返ると大災害は爾後《じご》を二つに分ける。従来の権益まみれの〈システム〉におさらばして飛躍する社会。権益まみれの復旧をめざして沈没する社会。飛躍するにせよ沈没するにせよ、大災害は当該社会の歴史的推転を速める。飛躍できるとすれば、それは氏が大活躍する社会になり得た場合だけだ。ちなみに氏は上関《かみのせき》原発に隣接する祝島《いわいしま》で、自然エネルギー一〇〇パーセントを旗印にした共同体自治を実践中だ。こうした試みがどれだけ拡がるかが、日本の今後を決めるだろう。

目次

1章——それでも日本人は原発を選んだ

エネルギー政策と日本近代

宮台　原子力発電は技術の問題であると同時に、それこそ飯田さんが「原子力ムラ」と名付けられたような社会的な「何か」ですよね。太陽光発電、風力発電、バイオマス、地熱といった自然エネルギーを軸とした社会づくりは、そういう「何か」と訣別しないと、できあがらない。社会の新しいエポックを築かないとダメなこと、そういう話をしていけたらと思います。

もともと飯田さんは京大で原子力を専攻されて、その後いわゆる原子力業界に入ったわけですよね。それも、やはり「原子力ムラ」になるのですか？

飯田　明らかに「原子力ムラ」です。

宮台　その「原子力ムラ」から出て、自然エネルギーの活動をされるようになった。飯田さんの個人史にもかかわるでしょうが、一部は出来事的で、一部は社会意識的な「原子力ムラの歴史」あるいは「原子力発電をめぐる社会の歴史」があるだろうと思います。

飯田さんから見て、何がどう動いて「原子力ムラがこうなってしまったのか」。たぶんいろいろな画期があっただろうと思います。なぜ日本では原発依存が逃れられないものとなったのかを知るためにも、伺いたいところです。
最近、京都大学の小出裕章さんなどが仄《ほの》めかされるように、原子力推進の口実もしくはきっかけとして、「核兵器、核武装の可能性について余地を残しておきたい」という理屈や心理がどこかで機能しているのかどうか。飯田さんはどう思われますか。

飯田　その意見にはあまり賛成できません。確かにそういうことを言う政治家もいますが、それが日本の原子力政策のメインストリームに影響を与えていることはない。ただ、そうとでも考えないと理解できないような異常さ、非合理的な側面があるということだと思います。

宮台　なるほど。僕もそう思います。ＩＡＥＡが日本監視を主要目的とすることや、どこよりもアメリカが日本の核武装を嫌うことを思えば、核武装うんぬんは政治オンチの戯言なのは明らかです。
でも一九四五年の敗戦、四六年の新憲法公布、五二年の日米安保条約などのいわば去勢体験を埋め合わせるための力の象徴として、たとえ平和利用でも、核が希求された心理的な事実はあります。日本の場合、それに輪をかけて「原発推進」vs.「原発反対」という対立図式が生産的な議論を阻んできた。実際、二十数年前にも問題になったのに、それ以降議論が進んでいません。

飯田　私は、ほとんど宗教的な思考停止だと思っています。

第二次大戦時の日本軍部と同じ。まったく世界で何が起きているのかを把握してないし、口を開けば「新エネルギーは高い」「不安定だ」と、実証もない発言がまかり通る。頭が固く化石になっている原子力ムラの長老たちはもちろんですが、一応「大学教授」だとか、大手の研究所の主任研究員と名乗っている人たちが、平気でそう発言するわけですね。そうして練り上げられた雰囲気のなかで、「原子力しかない」という結論になる。原子力に対して「推進」か「反対」かなんて議論はもってのほか。お公家さま文化のような、「踏んではいけない地雷」がいっぱいある。

そこを絶対踏まない巧妙さがないと、「原子力ムラ」では生き延びられないし、電力会社に入社さえできない。

宮台　自然エネルギーは、北欧の例でいうと、社会に実装しようとするプロセスにおいて、共同体が再生していきます。デンマークのサムソ島をはじめ、具体的な例をたくさんご存じだと思います。まさに、「原発から自然エネルギーへ」という流れをテコにして、社会の在り方を変えることができる。

エネルギーの問題だけではなく、原子力を可能にした社会の構造を別のものに変える必要があります。飯田さんは、新しいエネルギーそのものというよりも、新しい社会システムを提案されているのだと思う。言うなれば、長らく日本で根付かなかった「スローフード」の本質にあたるもの、つまり「食の共同体自治」と同型的な、「エネルギーの共同体自治」を提案されているように思います。

ところで変な話ですが、共同体という言葉を使うと、「原子力ムラ」だってある種の共同体なわけです。

飯田　たしかに、そうですね。

戦後のエネルギー政策

宮台　日本の近代史のなかで、政治と電力の二人三脚はどう展開してきたのでしょうか。

飯田　明治からの話はあまりに長大になるので今回は置くとして、終戦後に限っても、東北電力に白洲次郎がいた時代や、電気事業再編成審議会に松永安左エ門が会長としていた時代は、日本発送電という国策会社をどのように再編するかは、重要な政治的争点でした。

ただ現代社会と比較すると、社会の複雑さ、テクノロジー、民主主義のありかた、環境原則を織り込むかどうか、など、知識社会の度合いがまるで違います。

宮台　なるほど。

飯田　日本の原子力開発は、一九五四年に中曽根康弘氏たちが原子力研究開発予算を国会に提出し、翌年末に原子力基本法が成立。「民主・自主・公開」の「原子力三原則」を方針とする原子力利用の大綱が定められました。一九五六年に原子力委員会が設置され、同年に科学技術庁が発足したわけです。同年、日本原子力研究所（現・独立行政法人日本原子力研究開発機構）が特殊法人として設立され、翌年には日本原子力発電株式会社が設立されました。一九六六年に日本初の商用の東海原子力発電所を竣工しています。

その後、日本の電産複合体は、「東京電力：ゼネラルエレクトリック（GE）―東芝・日立」と「関西電力：ウェスチングハウス（WH）―三菱重工」という協力関係のもと、一九七〇年に関電美浜原発、翌一九七一年に東電福島第一原発が運転を開始したわけです。

私の考えでは、当時は、大雑把な政治が大雑把な現実を動かしていて、それはそれでよかったのでしょう。いまはそれがまったく許されないのに、政治は敗戦直後と変わらず大雑把なままで、知識社会のかけらもない。

日本の政治家で、国際会議に出席して安全保障について国際的文脈を踏まえて語れる人材はいるかもしれませんが、環境問題において同じように歴史をおさえ、一定の知識人なら当然知っているべき知の体系、私の言い方では環境ディスコース（言説）にもとづいて語れる人はほぼゼロだと思います。河野太郎さんは国際的な文脈と現実の状況の両方をご存じの希有な政治家ですが、その河野さんでさえ環境ディスコースのディテールまではどうでしょう。

欧米の政治家でも、スペシャリストから大雑把な理解しかしていないレベルまで、濃淡はあります。でも、すくなくともそのあたりを踏まえて、英語でフランクにコミュニケーションしている。

一方で、まるで的外れな経産官僚が下書きするいいかげんな文章を棒読みしかできない首相や大臣。人間社会と動物園の猿ぐらいの違いがありますね。絶望的になるほどレベルが違います。

宮台　飯田さんは、なぜ日本の政治家は、知識社会の流れに参加できないのだと思われますか。

飯田　それは日本の政治システムの問題ではないでしょうか。ドブ板選挙で名前を連呼して、土日は支持者回りに費やすのでは勉強する暇などありません。

宮台　日本は政治が主導的だった時代は、明治維新以降、ほんの僅《わず》かの間しかなく、長く見積もっても明治半ばまでしか続かなかった。それ以降は役人の力が強大な官治主義が続きます。明治二二年公布の明治憲法下では省庁の課長は宮中席次が衆議院議員と同じ。高等文官試験を通ると天皇に直結する役人として身分が保証され、役人を誹謗したら讒謗律《ざんぼうりつ》によって処罰されました。大正になると政党政治つまり民治主義になるけど、政友会と民政党の政局争いの末、政友会が民政党浜口雄幸内閣のロンドン軍縮条約締結を統帥権干犯《かんぱん》として批判したのを機に、軍官僚がすべてを握る。旧帝国議会にはずいぶん骨のある政治家もいたわけですが、海軍軍令部も陸軍参謀本部も基本的には軍人官僚ですから、彼らの策動によって帝国議会から追われていく。

　政友会の浜田国松議員と寺内寿一陸相との間で一九三七年一月になされた腹切問答が典型です。浜田が軍部の政治干渉を批判する議会演説をしたところ、寺内が軍への侮辱だと応答。浜田がどこが侮辱か事実を挙げよと逆質問。寺内がそう聞こえたと言い直すものの、浜田が、速記録を調べて侮辱する言葉があれば割腹する、なかったら君が割腹せよと詰め寄り、寺内が激怒して議会解散を要求します。海軍予算成立を急ぐ永野修身《おさみ》海相が説得に乗り出しましたが、寺内は応じず、広田弘毅は閣内不統一で内閣総辞職しました。

　政治家と行政官僚はどこの国でも対立するわけですが、日本では圧倒的に政治家が弱く官僚が強いわけです。政治家の活動の余地は単なる利権の調整しかないので、ドブ板選挙をするしかない。政策にはほとんどタッチできません。

　環境に強い関心をもつ政治家が日本にいたとしても、残念ながら国民がそういう政治家を支持しませんから、行政官僚にたいして力がふるえない。ポピュリズムという言葉はいまでこそ悪い意味にしか使われませんが、もともとは違います。政治家は大衆の人気を背景にしなければ、役人たちに追われてしまう。特捜検察がその典型です。特捜検察の動きは世論を反映していますし、日本の特捜検察はメディアを使って世論を動かせる。非常にいびつな行政官僚制です。

全体の情報空間が歪んでいます。政治家だけでなく、国民もエネルギーについて、温暖化について、民主政治について、先進国の国民であれば当然歴史的に踏まえているべき議論を、踏まえていない。それどころか、いまだに一部論壇誌では、二〇年遅れの温暖化懐疑論がさも新しい事実や真相のように喧伝されているのが現状です。根が深いです。

飯田　温暖化懐疑論の人たちは根本的に知性が欠けているとしか思えない。

変わらない日本の行政官僚制

飯田　太平洋戦争の時の軍部とそっくりです。単なるアナロジーではなく、六ヶ所再処理工場はまさに戦艦大和と同じ間違いを犯し、いまや原発でさえ「現代の戦艦大和」と言ってもさしつかえない。片や太陽光発電の技術は世界でいち早く日本が開発していたのに、ストップしている。
知られていない歴史ですが、三菱重工の風車というのは、八〇年代は世界で一番進んでいたんですよ。

宮台　そうなんですか。

飯田　歴史の過ちを、もう一回繰り返そうとしています。経産省はさっそく「トカゲの尻尾切り」を始めました。「経産省が悪かったわけじゃないんだ。資源エネルギー庁に問題があったんだ」と、エネルギー庁ではなく本省の大臣官房に委員会（エネルギー政策賢人会議）を立てて、エネルギー政策の見直しを始めている。委員の候補といわれる顔ぶれをみても、世間が認める大物で、原子力について否定的ではなく、官僚の振り付け通りに動いてくれることが選考基準と聞きました。

宮台　震災復興構想会議のメンバーと変わらないわけですね。

飯田　しかも、経産省は本来、自分は「まな板の上の鯉」でなくてはならないはずなのに、先に自分たちが包丁を振るうようなふりをしている。そうすれば、自分たちに累が及ばない。「攻撃は最大の防御」を実践して組織防衛に走っているわけです。保安院は経産省から切り取られるかもしれませんが、全体としては「原子力ムラ」の範囲なので、既存のエネルギー権益と、原子力を進めていく枠組みを維持しつつ、あたかも根治したような大所高所の抽象的なレポートを出して、手打ちをして、何事もなかったかのように既定路線を進める。官僚、恐るべしです。

宮台　経産省がゴーサインを出したフィード・イン・タリフ（自然エネルギーによって発電された電気の固定価格買い取り制度）について、飯田さんは「穴だらけだ」と批判されていますね。フィード・イン・タリフは流れを変えませんか？

飯田　これから次第ですが、経産省が主導権を握っているため、国会で審議する法律は枠組み法なので、スカスカなんです。それさえ落とし穴があって、閣議決定の際には産業界、とくに電力会社が押し込んだ付帯決議があり、そこには「三年後には廃止を含めて見直す」と書いてあるのです。三年経てば法律はなくなるかもしれないよ、という時限爆弾です。

宮台　なるほど。

飯田　民主党も算数ができるならそんな付帯決議は取れ、と言いたいのですが、肝心なのはその後の「政省令」です。政省令さえ経産省がうまくつくれば、「そこそこ」にしか行かない。委員も経産省に歯向かわない「新エネ御用学者」を揃えておけばいい。

そういう形で外堀を埋めていくと、孫正義さんが言っているような「自然エネルギー全量買い取り制度をつくり、四〇円／kWhを二〇年間義務づければ、日本の電力問題は解決する」とか、飛躍的に普及させることはまったくできなくなります。

ただ一方では、電力会社と闘おうとすれば、経産省の力学を借りないと無理です。経産省を改革しながら電力会社とも闘う、という構図だと、勝算はありません。

経産省のなかの改革派で、電力市場や原子力政策をなんとかしたい、と思っている人たちは、これまで散々痛めつけられながらも、まだ省内にいるわけです。その人たちにきちんと力を発揮してもらい、どういう形でできるか考えてもらう。

せっかく変化を起こすチャンスなのに、功山寺の挙兵前の高杉晋作ぐらいに追い込まれている、というのが、改革派が置かれている状況です。

宮台　僕が不思議なのは、経産省の改革派ならずとも、中長期的にみれば勝ち馬がどちらかというのは、自明だと思うんですね。長い目で見れば負けるとわかっている馬に乗るのは、なぜなのでしょうか。

飯田　勝ち負けの決まるスタンスが違います。われわれからみると政策そのものの失敗で勝ち負けが決まります。ところが、彼らは狭い経産省としての「エネルギー権益」「エネルギー秩序」を維持することが勝つこと。政策の成功失敗にはあまりこだわりがない。二年で担当官僚が人事異動になり、すぐ変わってしまうという事情もあります。明らかに長期的な展望、中身《サブスタンス》がない。

宮台　だとすると何事も従来の制度的な惰性の延長線上で任務を遂行するだけになってしまう。

飯田　自分たちの方針にノイズをたてるような連中、たとえば飯田哲也、孫正義、河野太郎は、邪魔ものでしかない。権益を邪魔するな、というメンタリティですね。

宮台　この話を聞くと元気がなくなりますね。

飯田　本当に重たいですよ。経産省がひどいのは仕方がないとしても、それをコントロールする政治がまるでない。とくに民主党は期待を裏切った。

日本知識社会の限界

宮台　先ほど、飯田さんが日本と西洋、特にヨーロッパの政策的知性との差がいかに開いているかという話をされましたが、それで思い出したのですが、今年、フランスのバカロレアという高校卒業時の試験で出された問題で印象的なものが二つありました。

ひとつは「正義と不正義はたんなる約束事に過ぎないのかを論ぜよ」。これはマイケル・サンデルの「白熱教室」のブームを意識したものなのです。

単なる約束事だと考えるのならリベラルの立場で、正義は単なる約束事ではなく、善悪の信念の問題と結びついているというのがコミュニタリアンの立場ですよ。こうした「リベラル—コミュニタリアン論争」のどちらに軍配をあげるのかという、とてもむずかしい最先端の問題なわけです。

もうひとつ面白かったのは、「言葉はコミュニケーションの手段に過ぎないのかを論ぜよ」です。

雑駁《ざっぱく》に言えばプラトン以前・プラトン以降という哲学史上の問題です。プラトン以前は、言葉はコミュニケーションの手段でもあるけれど、感染の源泉でもあり、「ウワーッ」と叫ぶだけの言葉に人々が連なり得ることをとても重視していました。

しかし、中期プラトン以降、言葉は単なる道具になります。厚みが存在しない、透明なものになる。言葉の向こうに情報があって、情報をどう伝えるかが言葉だ、ということになります。

ニーチェ、ハイデガーを見直す現代哲学が一九六〇年代以降出現して、ギリシャの初期の言語観、つまり言葉が単なる伝達手段ではない時代を思い返そうという考えに変わった。つまり、この試験問題は近代哲学にたいする現代哲学をどう評価するか述べよ、という問いです。

飯田　それは面白いですね。

宮台　七、八年前の設問は「環境問題と弱者救済が矛盾する場合について論ぜよ」というものでした。ちょうどドキュメンタリー映画『ダーウィンの悪夢』が話題になったころです。アフリカのビクトリア湖で外貨を稼ぐために近代化をしようということになって、巨大食肉魚ナイルパーチの加工会社を設立したところ、労働者需要が小さいのにものすごい数の労働者が殺到して大混乱に陥り、膨大な数の失業者たちが都市に集まり、男は傭兵に、女性は売春婦に、子どもたちはドラッグの売人になり、湖はめちゃくちゃに汚れます。

日本でもナイルパーチに似た問題として、琵琶湖のブラックバスがあります。生態系は壊れましたが、ブラックバス釣り客のためのホテルやレストランができて繁盛し、経済的には沈みつつあった場所が、ずいぶん潤った。

このように環境問題と経済的な貧困救済の問題は、多くの場合、簡単に整合しないわけです。今から三五年前に政治経済学者スーザン・ジョージが提起した問題ですね。ですから、純粋主義《ピュリズム》的に環境を声高に主張すると弱者を苦しめることになって、かえって負ける場合もある。難しい問題です。

僕が申し上げたいのは、高校三年でこういう問題を解けるような思考訓練をしなさいというように課題が与えられれば、日本みたいにあらかじめ決められた座席表のなかでの席次争いをするための受験勉強から、ずいぶん変わると思う。そういう本質的な、知識の獲得自身が世界観を変えるような教育を、日本では学生にさせていない。

飯田　なるほど。

宮台　分かりやすい例でいえば、終戦後の文部省仮検定教科書で、一九五二年のサンフランシスコ平和条約の発効までは、「国語」に相当する分野は「言語」と「文学」の二つの教科書がありました。「文学」はいまの「国語」、つまり鑑賞教育で、もうひとつの「言語」は、いまでいうメディアリテラシー教育です。

教科書にアナウンサーの〝語り〟が書いてあって、「これはアナウンサーが思っていることでしょうか。違いますね。誰かが書いています。では、書いている人は、誰に頼まれて書いているのでしょうか」と聞いていく、そのことを通じて、では、このメッセージは誰の利益を体現しているのか、というところまで考えさせるわけです。

これはGHQがつくらせた教科書です。しかし、四八年にソビエトが核実験に成功して、四九年に中華人民共和国が成立すると、GHQが別の方向に舵を切ります。五二年の講和条約の段階で、のちの中曽根康弘の言い方ですが、日本を「極東の不沈空母」にすることが決まった。おそらく、本質的な事柄を思考できないような教育システムに変えられてしまったわけです。ですから「言語」という単元が消えて「国語」だけが残った。

僕は、戦後の冷戦深刻化の時点で、知識に対する関わりかたが抑圧的なものに変えられたのだと思います。つまり「知識が世界観を変える」とか「社会を変える」ということがあってはならない、社会のあり方を一切疑わずに済むようなタイプの知識の習得をさせることを通じて席次競争に勤《いそ》しませる、という基本フォーマットがかなり早い時期に決まったのだと思います。ですから、経産省だけではなく、日本のエリート全体が大差ない資質なのです。

知識社会とは、単なる知的データベースがあって引用してくることができるということではなくて、知識を通じて人々が成長し変われるような社会ということですよね。そういう社会に、いままで日本はなったことがない。

飯田　ないんですよね。本当にない。

一九七〇年体制――田中角栄の遺産

宮台　そういう意味ではエリート教育・「有司専制」(官僚支配)という観点からも、田中角栄は非常に興味深い存在です。

田中の功罪はいろいろあります。小室直樹先生の言い方をすると、高度成長の達成をきっかけにして対米追従路線・戦後体制を変えようとした。

白洲次郎は、対米追従路線は二つの意味で必要だと考えました。ひとつは「冷戦体制下の安全保障を考えると仕方ない」、もうひとつは「戦後復興のため、経済を第一に考えると仕方ない」。

冷戦はさておき、経済復興を遂げれば、日本は対米追従の大きな理由のひとつを失うことになる。自立に向けて舵を切ろう、アメリカに依存する国であることをやめよう。田中角栄はそう考えて、対中国外交と対中東外交でアメリカを怒らせる独自路線を走ろうとしたわけです。

それが例の「ピーナッツ」という暗号が書かれたものが誤配されて見つかったという発覚の仕方で五億円事件にまで行く。謀略の有無について詳細なことは誰にも分からないかもしれませんが、小室直樹先生も言うようにアメリカ発の事件で嘱託尋問調書という形で反対尋問権もない不思議な裁判によって田中角栄の有罪が確定して葬られる、ということが起こったわけです。

いろいろな政治家に聞いてもアメリカの関与はよく分からないのですが、「田中角栄のようなことをやってはいけないんだな」という刷り込みにはなりました。日米関係のレジームを根本的に変えるようなことをしてはいけないという枠が刷り込まれたわけです。

日本列島改造論を環境面でどう評価するかですが、僕は飯田さんと同じ世代なのです。高校三年で文転するまでは核融合を研究する学者になりたいというのが夢でした。七〇年代といえば「鉄腕アトム」です。アトムは一〇万馬力の原子力モータで動くし、妹はウランちゃんですから。原子力が危険という発想ではありません。

飯田　一九七三年の石油ショックの際、田中内閣で電源開発促進税とそれを特別会計とする交付金制度（電源三法交付金）が整えられました。要するに原発立地を受け入れる自治体に対する「アメ」です。それによって原発立地が加速していった。

宮台　当時、内部告発によって美浜原発で事故が頻発していることがあきらかになり、田中角栄が「これで立地の障害になってはいかん」と考えて地域振興策とワンセットで国家予算を注ぎ込みながら電力事業を推進するという枠組みをつくった。道路建設、新幹線建設の枠組みを原子力に応用したわけです。それは当時の時代の流れのなかでは不自然ではなかった。それを今の時点から批判するのはすこし筋が違うと思います。

飯田　私自身も田中角栄と同じぐらいの田舎で育ちました。ですから、実感を持って理解できるのは、「飢えたような成長への欲望」が、日本の田舎の人にはすごく多いんです。私は完全に脱色しましたが、同世代で田舎に育った人は、金持ちになったとたんにアウディのような高級外車に乗りまくる。その振る舞い自体が非常に貧しいと思ってしまうわけです。

一九七〇年という年はレイチェル・カーソン『沈黙の春』が日本で刊行されて数年が経った頃で、水俣病が問題化します。六〇年代の「いちご白書」のような対抗的政治文化が盛り上がったものが、一気に環境主義になだれ込んだ時代です。そのなかに、原発に警鐘を鳴らす高木仁三郎《じんざぶろう》さんらがおられた。けれど、日本ではそれがマジョリティにならないままだった。

高度成長期に大学生になって青春を迎えたような団塊世代は、高成長や巨大開発というこの時代の価値観が完全に頭のなかにビルトインされているので、七〇年代に世界を覆った「よき環境主義」の洗礼をほとんど受けないまま、コンクリート主義に走ってしまい、その結果、バブルを招いた。すごい遅れを感じます。

それでも、わたしたちは「原発」を選んだ

宮台　僕なりに最初に結論めいたことを申し上げると、日本の戦後政治は自民党政治ですが、自民党は農村政党ではあるけれども農業政党ではないわけです。
日本はヨーロッパと違って、移民労働者を使わずに戦後復興をしました。明治時代半ば

以降、不在地主問題などの特殊な事情があったせいで、農村に過剰な人口が滞留していた。その過剰な人口を都市部に移して産業化の尖兵として動員することによって戦後復興と高度成長を遂げる、という図式です。

これは、戦前の旧帝大体制のもと、地域の神童として特別扱いを受けて育った学生が旧帝大にはいり、エリート官僚になったのち、故郷に錦を飾るためにリターンを返すことを考える、というのと似た図式です。それが国民にひろがっているわけです。

笈《きゅう》を負って東京にでてきて、故郷になにか戻さなくてはいけないと思っている行政官僚や政治家にとって、集権的な再配分で土木をつうじてお金を還流させるのは当たり前でした。

そこには、都市に暮らしている人間が農村に負い目を感じていたこともあったかもしれません。大衆文化的にいうと「望郷の歌」や演歌に結びつく世界です。独特の歴史的背景を持つ政治文化のなかで、自民党的な農村政党は、むしろ農業を衰退させる政党として機能したのです。人口を農村から都市に移転させて、産業化したあがりで道路をつくったり箱モノをつくったりして国からの再配分を当たり前にし、農村を中核とする自立的経済圏を破壊しました。

そういう流れのなかに原子力も入っていた。レイチェル・カーソン以降の世界的な環境マインドが日本的な文脈のなかで、うまく入りようがなかった。水俣病を含む公害闘争を「他人ごとだ」と思う日本人の多くは、歩留まりの問題だと解釈しました。公害の対策や賠償に多額の投資をして環境保護をしたら、経済成長のあがりを農村に再配分する図式が全部壊れてしまう。こんな考えが、政治家だけでなく、国民のマインドにもかなり多くあったのではないでしょうか。

公害問題はせいぜい「やりすぎ問題」でしかなかった。だから公害病問題にしかならなかった。環境問題として社会問題にはならなかったんです。そういうことが言えると思います。

飯田　そうですね、非常に表面的に、技術的に裁かれた。これは環境分野では「エンド・オブ・パイプ」というアプローチです。発生した有害物質を最終的に外部に排出しない、「排水とか排気ガスが問題なんでしょ？　だったら、出口にフィルターをつけてそのレベルを落とせばいいんだよね」という考えです。

もともとレイチェル・カーソンは、「公害問題とは文明のあり方そのものを問い直しているのではないか」と考え、もう少し深いレベルで環境を社会の構成原理のなかに入れた。それがまず、環境アセスメントという新しい知恵を生んだわけです。

八〇年代になればヨーロッパでは「エコロジー的近代化」という考えに進化した。市場メカニズムと環境原則をうまく融合させるために汚染者負担原則や予防原則を哲学として確立しながら、それを実践的に政策的にどう組み込んでいくのか、という知的努力を積み重ねて社会を変えてきました。

日本は「フィルター付けたら終わりでしょ」というレベルがいまだに続いている。社会を変えるところまでは行かない。

宮台 レイチェル・カーソンから一〇年後になると（一九七七年）、スーザン・ジョージの『なぜ世界の半分が飢えるのか』（朝日選書）で構造的貧困問題が提唱されます。そこで述べられていることは南北問題に限らない。日本の都市と農村の関係を含めあらゆるところに応用可能です。

豊かになるためにあるシステムに依存すると非常に脆弱《ぜいじゃく》になり、不可逆なシステム適応を強いられ、製品が買い叩かれるが、畑に農薬をぶち込まれてもはや元の自律的な経済に戻ることはできず、モノカルチャーを継続するしかなくなる。豊かになろうとして、システムに依存して、罠に嵌《はま》るわけです。

原子力を誘致した日本の地方もみんなそうです。豊かになろうとして、システムに依存した結果です。

この本も日本では残念ながら左翼的な文脈でしか受け取られなかった。別に左翼が悪いというのではありません。しかし、日本の左翼は非常に奇妙なものです。ベビーブーマーズの人たちが、フランスだと三四時間労働制、ドイツだと三五時間労働制、アメリカにおける積極的是正措置（アファーマティブ・アクション）というように制度の成果を残しています。それに対して、日本の団塊世代といわれる方々が何を制度として成果を残したか。政治的な成果を何も残していません。

これは奇妙なことです。「あのころはみんな左翼病だったよね」「若いうちにかかるはしかのようなもの」ということで終わってしまう。

七〇年代は重要な時代です。先進国がある方向にステアリングを切った外側で、おそらく日本はボタンを掛け違えたんです。それに気がつかないまま、先に進んでしまい、今回の3・11に至ったのではないでしょうか。

思想と政治の貧困

宮台　アメリカやヨーロッパにおけるカウンターカルチャーは、当初はドラッグと結びついてフラワームーヴメントと呼ばれていましたが、「ドラッグレスハイ」「ナチュラルハイ」に代わって、七五年には雑誌「ホール・アース・カタログ」が発刊になります。のちのアップルコンピュータに繋がる流れは、そこで出てきます。

電気や音を使ってメディテーションしたりトリップしたりする可能性を模索する人たちが現れ、そこから東海岸のＩＢＭに代わるオルタナティブなコンピュータカルチャーとしてのアップルが出現する。

さらに、「ホール・アース・カタログ」と連動して、当時日本ではサバイバルブームとかバックパッカーブームとして紹介された新しい旅行の仕方が現れました。加えて、「メイド・イン・ＵＳＡ・カタログ」を経て「ポパイ」に繋がるカタログ雑誌ブームも立ち上がります。

しかし、産業や社会の根本的な部分にまで繋がる動きを示せた欧米に比べ、日本はあくまでサブカルチャーに終わった。カタログ雑誌もバックパックも、ただの一過性のものでした。残念なことです。

食に関する共同体自治であったはずのスローフード運動が、日本ではなぜかボディケアとか瞑想的な個人のライフスタイルの話になり、社会のあり方、つまりソーシャルスタイルを変えるという流れには繋がりませんでした。スローフード的なものが日本では八〇年代に意味を持たなかったんです。

同じことがメディアリテラシー運動にもいえます。もともとはカナダのオンタリオで始まったもので、アメリカとカナダは社会の成り立ちが違うのに、カナダの若い子どもたちや若者たちが商業主義的でスキャンダリズムにまみれたアメリカの情報をそのまま真に受けては困る、というところから始まります。さきほどの「言語」の仮検定教科書の問題と同様に、どういうロジック、権益、インタレストの配置のなかで情報が出てきているのかを、みんなできちんと理解したうえで、国境を越えてくる電波にアクセスしましょう、という話です。

ライフスタイルは個人が選択するものですが、ソーシャルスタイルは社会的な選択なので、いったん選択されれば、個人にとっては選べる事柄が限られます。ところが日本では両者が区別されないんですね。欧州発のスローフードはソーシャルスタイルですが、米国発のロハスはたかだかライフスタイルに過ぎません。

日本は残念ながらスローフードもウォールマート的ロハスになったし、メディアリテラシー運動も「これからはパソコンができないといけない」というインターネット能力の問題になってしまう。八〇年代も九〇年代もそうでした。

いまでこそ悪名高いネオリベラリズムも、もともと出てきた文脈は、ダグラス・ハード男爵の提唱で、社会福祉体制は、行政官僚制への依存を推し進めて共同体を空洞化させ、財政を逼迫させるので、やめましょうというものです。日本では残念ながら財政圧縮だけが強調されてしまい、大きな政府を小さくするというだけの理解になってしまいました。

もともとのネオリベラリズムには、「その代わりに社会を大きくしましょう」という提唱があったのですが、そこが日本では消えてしまったわけです。

先ほど述べたようにネオリベラリズムという言葉自体が蔑称になったわけですが、たとえばイギリスだったら労働党のなかの若手議員とブレーンによる「ニューレイバー」（新しい労働党）に、社会学者のアンソニー・ギデンズが入り、そこでは、ダグラス・ハード男爵の言葉である「積極的な市民社会性」という言葉がキーワードとして用いられていました。ところが同時代の日本では行政財政改革しか話題になりませんでした。ニューレイバーの時代はブレア政権下の九七年ですから、ちょうど橋本行革の時代です。

飯田　規制緩和と行財政改革一色でしたね。

宮台　ニューレイバーの改革は、政府の改革と共同体の改革とが表裏一体ですが、日本ではなぜか行政の改革だけ。自分たちの共同体自治の空洞化をどうするか、という話は出てきたことがないのです。「行革されると、地方交付税交付金はどうなるんでしょうか」という話から一歩も出ない。

そういう背景のなかでエネルギー政策も議論されてきています。「経産省が悪い」とか「原子力ムラが悪い」と戦犯探しばかりをしていますが、彼らの勢力が弱くなればすべてがうまく行くかというと、ちょっと違う。

その典型が、飯田さんがまさにおっしゃっている垂直統合図式が当たり前という話です。電気なら発電・送電・配電が地域独占でいい、ということ。通信もそうです。本来、ただの土管屋であるべき電電公社がＮＴＴになってもすべて握るという図式です。

五系列一六社のマスコミ体制も同じです。テレビも、東京にある民放のキー局が地方にネットワークを持っていて、東京制作の番組を地方で流すとき、地方局から料金をとるのではなく、キー局がお金を払う。集権的再配分で地方の放送局が中央に依存するがゆえに、中央の支配から逃れられない。

政府と在京民放が記者クラブ的な談合体制のもとで情報を発信すれば、ノイズレスにすべてが動いてしまう。何もかもが垂直統合体制のなかで動くので、すべてが集権的な再配分として機能してきました。だから集権的統合の中心部は利権の巣だし、異議申し立てをするときは、「共同体自治に力を与えよ」ではなくて、「もっとちゃんとやれ」になる。

だから、九州電力や北海道電力が四月初旬に、「福島第一原発の事故を教訓に、原発のより安全な運営を心がけていきます」という会見をすることになるわけです。

飯田　一九七〇年代に日本で話題になった、レイチェル・カーソンが問いかけたのは、「先進国が環境汚染をもたらしているので、文明のあり方を問わなければいけない」ということです。それがストックホルム人間環境会議の中心テーマになるはずでした。しかし、まさに、そのときにスーザン・ジョージの「先進国だけ先に豊かになって環境保護といっても、まだ貧しいままの途上国はどうするのか」という問題が出てきます。それは現在世代と将来世代の対立でもある。環境問題が南北問題と世代問題を内包して分裂した。それがようやく統合されたものが一九八七年の「サステイナブル・ディベロプメント（持続可能な開発・発展）」という概念だったわけです。それが、九〇年代の環境革命につながり、レーガン・サッチャー革命における市場原理主義の側面もうまく取り入れていく。矛盾極まりないものを、昇華しようとした部分が、日本人には理解できなかった。

日本のエコロジー派は「これは矛盾だ。ありえない」とやたら純粋主義《ピユリズム》になっていく一方、政治・経済の主流派は「持続可能な開発」を「持続的成長」と単純に思い込み、「経済は永遠に成長する」と考えてしまい、概念として理解しないまま今日まできてしまった。こうした思想的貧困と、制度的にも経済の仕組みにも反映できなかった政治のために、七〇年代から八〇年代に世界で深化した環境思想に、日本はついてゆけなかったわけです。

2章——変わらない社会、変わる現実

なぜコスト高の原子力を経済界が容認するのか

宮台　原子力のコスト面について聞かせてください。

日本の経済団体が電力会社の言う事を真に受けていたら、将来的にコストがどんどん上がっていきますよね。それは産業界にとっては足かせになるはずなので、電力会社の言い分を真に受けるような国の政策を支持するとはとても思えない。それはどうなっているのですか。

飯田　まず、経団連に入っている企業は、経団連的談合感覚がある。温暖化政策とも共通しているのですが、事実上、エネルギー政策は電力会社が仕切り、温暖化政策は鉄鋼会社と電力会社が仕切るという構図がある。

アメリカ保守派のティーパーティ運動が言っていることと日本の経団連が言っていることが、ほとんど同じになってきました。

そのなかで、トヨタ、パナソニックなど世界でビジネスを展開している会社では、目を開いてみれば、経団連流のトンデモ温暖化論を展開したら、自分たちの商品がリコールされるリスクを感じているはずです。でも経団連というお付き合いの場では、どうしても電力や鉄鋼といった重厚長大型企業の言い分が尊重されて、温暖化対策が決まってしまう。

日本の人たちは「原子力は安い」という信仰があります。経産省は机上の計算上、原子力がもっともコストが安いという報告をしています。一キロワットあたり五〜六円だったでしょうか。

しかし世界では原子力の建設コストが飛躍的に高くなっています。理由のひとつは、世界的に安全基準が厳しくなっていること。たとえばコアキャッチャーという炉心溶融が起きたときに支える設備が必要になった。世界的に原子力技術を支える産業界の屋台骨が劣化してきていることも挙げられます。

フィンランドでは建設コストが五倍に跳ね上がった。労働の自由化で東欧諸国などEU全体から建設要員が集まってくるので、通訳を何人も介さないと意思の疎通ができない。納期も遅れ、仕様も決められたとおりにできた例《ため》しがない。

日本でもおなじことが起きていて、六ヶ所再処理工場のステンレス製プールがボロボロで水漏れをしていた、とか。技術者のレベルがあまりにも落ちてきている。

一方、太陽光発電、風力発電などの小規模分散型の自然エネルギーは、パソコンや携帯電話、液晶テレビがそうであるように、作れば作るだけ性能が上がりコストが下がる、典型的な大量生産型の商品です。

原子力発電はいま第三世代と言われています。この第三世代は、いまから三〇年前に設計されている。その第三世代がいま建設されているという技術の古さです。太陽光発電などは日進月歩で世代交代している。

新しく作った太陽光発電施設と新設の原子力発電所は、投資減税効果を織り込めば、二〇一〇年で発電コストがほぼ同じか、もう逆転したのではないかというのが、アメリカでの調査結果です。

イタリアでは太陽光発電の発電コストがすでに電気料金よりも安くなったという報告がありました。

宮台　いまおっしゃった供給側《サプライヤ》の要因に注目すれば、優秀な技術者はこれから原子力よりも自然エネルギーの分野を志向するようになるでしょう。つまり、知的コミュニケーションという観点からみても、原子力はどんどんお粗末になっていく可能性が高いですよね。日本の将来が見えましたね。

飯田　大前提として、風力も生物資源（バイオマス）も水力も、大本は太陽エネルギーです。太陽エネルギーは物理量として、いま地球全体で使っている化石燃料と原子力の一万倍だと言われています。だから、ほんのわずか転換すれば、地球全体のエネルギーを自然エネルギーに変えていくのは、まったく非現実ではない。

日本では大規模な水力を除くとわずか四パーセント（電力比）に満たない自然エネルギーですが、世界では自然エネルギーをとりまく現実が倍々ゲームで加速して、研究者の予測を現実が追い越してしまった。たとえばヨーロッパでは風力・天然ガス・太陽光が一気に増えてきたので、二〇五〇年までには一〇〇パーセント自然エネルギーで賄えるという予測をする研究機関、団体、政府機関などが、昨年（二〇一〇年）に入って次々に出てきています。

宮台　例によって、日本が抱えているのは、大本営発表と同じ問題ですよね。さきほど飯田さんが少しおっしゃっていたのですが、行政官僚制には「無謬《むびゅう》原則」がある。官僚機構のなかでは人事と予算の力学が働くので、「それは間違っていた」とは誰も言い出せない。これは大東亜戦争中の海軍軍令部や陸軍参謀本部問題でもあります。

飯田　世界では自然エネルギーへの投資額が毎年三〇パーセントから六〇パーセント程度伸びています。一〇年後には一〇〇兆円から三〇〇兆円に達する可能性がある。二〇年後には数百兆円、いまの石油産業に匹敵する可能性がある。

日本にはこの投資の一～二パーセントしか占めていません。日本は「グリーンエコノミー」の負け組なのです。新しい経済を生み出す側で負けてしまっている。

一方で日本は化石燃料を年間二三兆円、ＧＤＰの約五パーセントを輸入しています（二〇〇八年)。石油、天然ガス、石炭です。中東のジャスミン革命によって石油価格が上昇しているのですが、ファンダメンタルズ(基礎的諸条件)でいうと、石油は遅かれ早かれピークアウト(生産量の崩落)するという問題がある。経済成長を続ける中国のエネルギー消費量の急増で、石炭価格はすでに急上昇しつつあります。

この二つが、今後、貿易黒字を縮小させるなど日本経済の負担になってきます。新しい経済の側でどんどんチャンスを失い、しかも日本の電力は石炭だらけですから、その石炭代と、それで増えたCO_2を減らしたことにするためのクレジット代でますます電気料金が上がる。原子力はコストパフォーマンスがきわめてお粗末ですから、新しい原発はできず、稼働率は低く、事故だらけ。それをまた石炭で補う、という極めて暗い未来像になります。このままいくと、エネルギーによって日本は「敗戦」を迎えることになる。非常に貧しい経済になってしまうでしょう。

宮台 電力会社の地域独占維持という枠組みを壊さないためには、原子力のお粗末な部分を石炭で補うしかない、というのが今日の状況であるというわけですね。

日本は行政官僚制に依存することに無自覚なんです。単に中央集権であるだけではなくて、中央集権的な権力が、行政官僚制によって簒奪されてしまっている。これは「政治主導はなぜできないか」という問題ですよね。

あるいは、日本の企業は創業者（オリジネーター）がいなくなると継承がうまくできない。カリスマ性をもった経営者がいなくなったとたんに、企業内部における行政官僚制的なるものによる簒奪に弱くなってしまう。明治の元勲がいなくなって軍部の暴走をとめられなくなったのと似ています。

ソニーがサムスンの半分以下の収益規模になっていることなどは典型的です。ソニーの中に「行政官僚制」がはびこっているんです。

単なる創造性に対する障害になっているだけではない。経営環境、経済環境、社会環境が変わって、プラットフォームを取り替えなければいけない、というときに、プラットフォームの維持がゲームの前提になっている「行政官僚」たちにはそれをクリアできないわけです。

メディアもそうです。メディアも行政官僚制によって支配されている。先日、ある大新聞の幹部としゃべっていたのですが、「もうどうにもならない」と言っていました。

インターネットによるウィキリークス以後の世界は、行政官僚制に関わる大きなリスクになります。

行政官僚制がますます大きな情報を握り、ジョルジョ・アガンベンが言うように、グローバル化のもとでますます政治家が行政官僚の情報に依存しがちになる一方で、行政官僚制にかかわるリスクをヘッジする、あるいは、行政官僚制に結びついたメディア情報に依存し信じこむリスクを減らす役割がインターネット化にはあります。

行政官僚制への依存は、統治のユニットが大きいと不可避になります。行政官僚による情報操作をキャンセルするには、小さな統治ユニットでの共同体自治が不可欠です。これは誤解されがちですが、地方自治体化ではなく、共同体の非依存化、つまり自立です。単一で排他的な主権化にたいして、それを共同体の自治化と僕たちは呼んでいます。

国家制度の肥大化によって行政官僚制がはびこってしまうことに抗い、統治の規模を小さくすることによって、住民と政治家が行政官僚に「それは違うだろう」とものを言えるようにするのです。ちなみに国家は、共同体自治だけでは解決できない問題を守備範囲とします。リスクが一共同体の範囲にとどまらない原発立地は、国家の扱う問題です。

神話を信じたい人々

宮台　３・11以降のインターネットやツイッターの動きをみていて印象的なのは、「安全厨」「危険厨」という言い方に象徴される現象です。事故後の初期、僕が「今回の事故は情報が小出しにされていて、現状がこうだという話に終始している。今後の展開に関するありうる最悪のストーリーについて説明がないのはおかしい」とツイートしただけで、ものすごい反発がありました。

もちろん電力会社による宣伝効果、「でんこちゃん」的な自明性構築の大勝利とも言えます。しかし、「東電の戦略の素晴らしさ」というよりも、われわれの側にやはり非常に弱さがあるのではないかと思わざるをえない。この愚昧さは何なのでしょう。特に、初期の二週間はすごかった。


飯田　私もこんなことがありました。

ある自衛隊機の話です。福島第一原発の水素爆発の直後、某副大臣が福島の視察ではなく、単に羽田から千歳まで飛んだ際に、福島の上空八〇〇〇メートルを通過しただけの特別機が、千歳空港で検査したら、放射能で汚染されていた。その話を聞いて衝撃を受けツイートしたわけです。

すると、ツイッターでは「デマを流すな！」と猛烈な反発があった。びっくりしました。そのあと「ニューヨーク・タイムズ」で米軍機も汚染されていたという報道がありましたから、信憑性が高まったと思うのですが。

宮台　事故から一ヵ月経ってようやく「安全だ安全だ」と言っている連中こそがデマだという「安全デマ」というカテゴリーが出てきました。僕もこの言葉を大量に使いました。

ところが事故後の二週間は、僕も映像ジャーナリストの神保哲生も、ラジオに出て、関係者から聞いたことの五分の一ぐらいの情報を話すだけで、苦情殺到でした。最初は「これらのクレームは東電の差し金か」と冗談でいっていたのですが、ツイッターなどネットを見ていると違うことが分かります。

たとえば、ツイッターで原子力資料情報室のソースを使うと、「あそこは反原発だ」という反応がたくさん来ましたが、反原発を主張している組織のデータだからいけないというレッテル貼りばかりで、肝心の中身のデータを科学的に反駁したものは皆無でした。

震災後、東京新聞の世論調査をみても原発容認が過半数です。こうした原発漬けになってしまった日本人のマインドはどうしてだと飯田さんは思われますか。

飯田　エネルギーシフトという選択肢が見えないんですよね。

宮台　飯田さんがよくおっしゃることですね。選択肢は、本当は見れば見える。

田原総一朗さんもよく、「反原発・脱原発というけれど、代替案を示さないのは、無責任じゃないか！」と言う。「ちょっと待ってください。代替案は示しています」ということです。すでに代替案は存在しているのに、人々は「見えない」と言う。どういうことなのでしょう。

たしかに、僕が見るかぎり、去年あたりからイタリアのスローライフが日本のテレビ番組で紹介されるようになっていて、たぶんそれは日本のいまの経済状況とか、共同体の空洞化（高齢者所在不明問題、乳幼児虐待・放置問題、無縁社会）などが背後にあって、オンエアされているのだろうとは思います。でも相変わらずスポンサーシップの問題があって、雑誌にしろテレビにしろ、作ることができない内容がいくつもあります。

「自然エネルギーによって村が再生した」という番組も作れないし、オランダをはじめとするヨーロッパの都市では自動車が途中までしか使えず、そこから先は自転車か公共交通を使うという仕組みができている、という番組もオンエアできません。

よほど関心をもっていなければ、つまり新聞やテレビからふつうに情報を得ている限り、ヨーロッパの自然エネルギーの盛り上がりについての情報は入らない。それは各所に存在する垂直統合問題と似ています。

3・11以降しばらくは、東電を批判しようとしないメディアの硬直ぶりは異常でした。何としてでも東電批判を回避しようとする慌てぶりは、太平洋戦争末期、敗戦間近のときに「日本は負ける」と言ったら引き起こされた反応と似ているのかもしれません。

ところが東電の存続自体が政府の支援なしでは不可能なことがほぼ確実になった震災後二週間ぐらいのところから、雰囲気はずいぶん変わりました。

飯田　今度は逆に「東電叩き」に転じる。週刊誌から私のところに電話がくるようになって、「東電が東大に巨額の寄付をしていたようなんですが、裏とか噂とかあったら聞きたいんですが」と聞かれるようになりました。

宮台 あなたの出版社はいくら広告費をもらっていたのですかという話です（笑）。これは、もう飯田さんが環境大臣になるしかないですよ。僕の考えでは、五年以内ぐらいでなると思いますが（笑）。

日本の不思議な物欲

飯田 一九九四年に刊行された『地球家族』（ＴＯＴＯ出版）という写真集があります。世界中の家族を、住んでいる家の前に家財道具を全部並べて、一緒に撮影したものです。

ブータンは、持ち物が本当に小さな仏像しかないけれど、表情が生き生きとしている。湾岸戦争で襲われたクウェートは、明らかに湾岸戦争前に撮影したと思われる写真ですが、巨大なリムジンカーが二台、二四人用のソファーとペルシャ絨毯、アンティーク家具、書斎にはファクシミリもコンピュータもあります。当時のタイは、白黒テレビに扇風機、スクーター、ラジカセと日本の昭和三〇年代を思わせます。まるで映画『ＡＬＷＡＹＳ　三丁目の夕日』の世界です。

最後に日本が出てきます。東京の都心から電車で一時間半かかるところに住まれている四人家族ですが、他の国とはまるで違って、電化製品を中心に、ものすごくたくさんのモノ、モノ、モノ、家財道具が山積みされている。それも、ガジェットでいっぱいなんです。こうしてみると私たち日本の家ってガラクタが多いのだなあと痛感した記憶があります。

ゴミ同然のガジェットを部屋のなかに増やせば増やすほど、本当は貧しくなるのに、それを豊かさと錯覚する。先ほど、田舎出身の成功者の話をしましたが、それは、非常に物悲しい光景です。宮台さんがおっしゃった各所にみられる垂直統合問題とも関連しますが、原発でつくられた電気で電力会社が提供する番組を浴びるように見てきた、リビングの中心にテレビが鎮座してきたわれわれの姿とも重なります。

宮台　物欲は誰にでもありますし、豊かになりたいという気持ちも同じです。とはいえ、「これが自分たちの生活だ」と言えるスタイルから逸脱したものについては「これはおかしいのではないか」と反省できるのが普通です。

ところが、僕たちは、そういう歯止めがかからない。「それはわれわれの暮らしらしくない」というネガティブな評価をお互いにするということはなく、それこそ単調増加的に「モノが増えればいい」「車は高級になればいい」「テレビは大きいほうがいい」となっていく。
　アメリカのコンビニエンスストアの場合、品数が一店舗あたり七〇〇〇点から九〇〇〇点だといわれていますが、日本だと同じ売場面積で二万点以上揃えています。たとえばチョコレートをコーティングしたクッキーが「きのこの山」「たけのこの里」と山のようにある。逆にチョコレートが中に入っているクッキーだって「コアラのマーチ」などものすごく種類がある。アメリカでは二種類で済むのに、一〇種類ぐらいあるわけです。

飯田　シャンプーだってそうですよね。とにかくものすごく種類が多い。

宮台　考えてみるととても不思議です。われわれは内需の規模が大きいのですが、今申し上げたような内需の支え方は、はたして本当に「物欲」によるものなのでしょうか。

飯田　分からないですよね。

宮台　「きのこの山」か「たけのこの里」か、どちらが好きかよく聞かれますが、食べればおなじですよね。不思議な物欲なのです。
　フランスのジャン・ボードリヤールという社会学者兼ジャーナリストがいますが、一九七〇年の大阪万博の年に『消費社会の神話と構造』を書いて有名になりました。彼は「使用価値から記号価値へ」と言い、有用だから買うというよりも記号的に価値があるから好まれる、と考えた。

その彼が、七〇年代半ばに西武の招きで来日して、西武百貨店の最上階にあったスタジオ200で講演を行います。そこで、日本の「たけのこの里」的な現実をみて、「まさに日本が記号の帝国であった」と納得して帰国します。

記号的な価値とは、有用性に還元できない過剰であり、記号の解読ルールを知らない人にとっては「単なる差」でしかない。ゲーム外在的な視点からみると「なぜそれに価値があるのか」まったく分からない。ゲーム内在的な視点でのみ価値があるのです。不思議ですよね。非常に奇妙なゲームです。

ボードリヤールのような言い方をすれば高尚に見えますが、それは「ムラ社会だから」ともいえるわけです。つまり、武士と農民を区別したうえで、「農民は農民のことだけ考えていればいい」という。本当は何に役立つのか、とか、最終目的はなにか、ということは偉い人たちに任せておいて、俺たちは適当に戯れているだけでいいという感覚があるかもしれません。

日本の場合の物欲は、モノに対する欲望というよりも、昔からよく言われることですが、かつては、「人並みになりたい」「後ろ指を指されたくない」「テレビに映ったドラマの主人公のようになりたい」だとか、物質への欲望に還元できない社会的な立場どりの欲望でした。ところが、一億総中流化と呼ばれるフラットな自意識が蔓延して以降、内輪を作り出すためのツールになりました。

飯田　確かに、そうですね。

変わらない日常を選択したい

宮台　経済学者のジョン・ガルブレイスが、一九六〇年代に、制度派経済学的な伝統を踏まえて、「依存効果」という言葉を発明します。簡単に言うと、市場における消費者の選好が、操縦されたものだ（企業の行動に依存したものだ）という考えです。生産者の広告活動に依存した選好だ、と言ったわけです。

ところが、ボードリヤールに影響された内田隆三さんのような学者たちは反論します。広告活動がわれわれの欲望を操縦している、というよりも、ヨーロッパやアメリカではありえないような広告を日本に存在させているものは、われわれの意味空間全体の作動の帰結であると。さもないと、有用性とは無縁の、パルコのイメージ広告などが説明できない。生産者と消費者が一体となってゲームを行っていると考えるしかない。そう主張していました。

問題はそうした意味空間が、原子力に依存しながら電化製品に囲まれて暮らすことを自明なことだと見做すマインドと通底するものがあるかどうか、ということです。

社会学では伝統的に「慣れ親しみ（ファミリアリティ）」と「信頼（トラスト）」を区別します。慣れ親しみというのは、「昨日あったように今日もあり、今日あったように明日もあるだろう」「あの山は明日もあるだろう」というような自明性です。

それに対して、信頼というのは、たとえば「知らない人と電車に乗り合わせる」「知らない人に操縦を任せて飛行機に乗る」という、よく考えるとありそうもないけれど、そのありそうもないことを、あえてやっていることに関わる想定です。

これは、丸山眞男が言う「作為の契機」に関連します。複雑な近代社会は信頼を前提にしないでは前に進めない。けれど、信頼は、当たり前の空気のような自明性ではなくて、「ありそうもないことが、なにかうまく嚙みあうことによって辛うじて成り立っている」というような感覚を持てるかどうかが、近代社会かそうでない社会かを分けるのだ、丸山眞男はそう言っているわけです。

「作為の契機」を意識する人間とそうでない人間とが決定的に違うのは、要は自分たちが営んでいる社会を変える必要があるのかどうかについて、自覚的になれるかどうかです。

慣れ親しんでいる人間にとっては、慣れ親しんだものが変わるということは、「ありえない」ことだから、そもそも思考の対象にはなりません。対案をどれだけ示しても、それが絵空事にしか見えないという日本人にありがちな構えが典型です。

でも、ありそうもないことがうまく嚙みあっているという意識とともに、たとえば「知らない人がつくったものを食べている」場合には、「やはり顔が見える範囲の人がつくったほうがいい」と地産地消的な代替案を考えたりできるんです。

飯田　なるほど。

宮台　たとえば、神保哲生さんが低温殺菌牛乳のことを話すと抗議がくるわけです。低温殺菌牛乳というのは、六〇度から六五度の温度のなかで三〇分殺菌するパスチャライズという方法を用いるんですが、この方法だと大腸菌とか乳酸菌は残ります。しかし、大腸菌よりも乳酸菌のほうが優勢なので、体には問題ないし、実際には長持ちします。

高温殺菌牛乳はオランダでは飲用を禁止されているのですが、この方法は衛生管理が劣悪な飼育状況で搾乳できるというところが最大のポイントです。非衛生的な環境で搾乳したものを高温殺菌して飲んでいる。そういうことを言うと、抗議されます。別に牛乳メーカーからの抗議ではありません。「われわれが日頃飲んでいる牛乳に、われわれの営んでいる日常に、ケチつけるのか！」という一般のひとの声です。とても日本的な現象です。

これは、原発問題にも関係すると思います。原発に批判的なことを言うとイデオロギー的な烙印を押されて、中身がある議論ができなくなるのも、「平穏な日常にケチつけるのか」という感じがあるのでしょう。

飯田　私がスウェーデンで感じたことですが、あの国は社会が変わることを国民全体が前提としています。その上で、どう変わるかについて国民全員がコミットし、ルールややり方を絶えず積み上げながら、社会を営んでいる。

日本は社会が変わらないことが意識では自明になっている。しかし、現実は激しく変わっていくわけです。それなのに意識の上では変わらないので、現実を変えていくためのルールであるとか指針、原則に無自覚な社会になっている。アドホックに、賽の河原のように、その場をしのいで、こなしてしまえば、また次の日常がはじまる、そして、それは変わらない日常なのだ、と、そう錯覚しているのではないでしょうか。

宮台　いまの話はとても面白いですね。

変わることを選択したというスウェーデンの方々は、ラッセ・ハルストレム監督の『マイ・ライフ・アズ・ア・ドッグ』という映画で描かれるように、自分たちの生活形式にはきわめて敏感で、保守的です。よく知られた自然信仰が典型です。これも不思議なことです。われわれは変わることに非常に怖れがあるのに、実際には生活がギミックの集積になっている。

飯田　スウェーデンの保守性というのは、社会が変わるがゆえに、変わっていけないいもの、自然とか都市景観にたいして敏感です。

水辺から三〇〇メートルは道路とか建物とかいっさい手を加えてはいけない、という法律があるんです。都市計画でも、色彩の調和は守らなければならないし、古いランドスケープは絶対に守らなければならない。

でもその代わりに、変えていいところはモダンで機能的に変えてしまう。大学のキャンパスでも、古色蒼然とした校舎に入ると、インテリアは暗黙知と形式知を上手に使い分け、半個室とパブリックスペースを使い分けていて、極めてモダンでアートで機能的です。

日本はまったく逆で、すごい田舎に御殿のような外見の役場をつくって、中に入ると戦前のままのような大部屋の間取りで雑然としている。知識社会の対照のような光景があります。

3章——八〇年代のニッポン「原子力ムラ」探訪

「原子力ムラ」に入るまで

宮台　何か主張したいことができた場合には、「それを言うなら、ある共同体から別の共同体に移れ」というふうになるのが日本的な空間なのかもしれません。日本の不思議なコミュニケーションの説明にはいろいろな道筋があり、なかなかひとくちでは説明できません。

ところで、僕は小学校六年のときに、原子力を研究する物理学者になってスペースコロニーで研究するんだ、という作文を書いているんです。飯田さんはなぜ大学で原子力を専攻されたのでしょうか。そもそも、思春期のころには、原子力にたいしてどんなイメージを持たれていたのですか？

飯田　私の生まれは、山口県徳山市（いまの周南市）のさらに奥、中須というところです。徳山の繁華街まで、当時はボンネットバスで一時間かかる田舎で、日々野山を駆け回る野性児でした。

小学校低学年のときに、同級生が急に増えて、まもなく、いきなり減ったことがありました。菅野ダムの開発工事があったからです。ダムで沈む村落の子どもが引っ越しのため急激に減り、工事をする仕事の家族が越してきて増え二クラスになり、ダムの工事が終わるとまたみんないなくなったわけです。

本多勝一的に言うと、「開発される側」です。地域社会はすごく変わるのだなあ、と思いました。

小学生のときに、一家離散のトラブルが起きました。母親が家を出てゆきました。借金を残していたので、全財産がなくなって。兄は宇部高専の寮にはいり、うちの父親は公務員だったので私の面倒を見つつ、家賃も助かることから、徳山市役所の更生施設（ホームレス収容施設）の住み込み管理人に志願し、私は小六からそこで暮らすことになります。

徳山という町は、映画『パッチギ！』のセリフでも、「小倉、徳山、岡山、……、京都と移り住んできた」と言及されるように在日朝鮮人が多く、あと被差別部落もある。更生施設の周りには、萎びた乳房をはだけた、半裸のお婆ちゃんがいつもやってきて、錆びたような缶詰を「これ食べなさい」と私にくれたりしました。

これが中学生時代の日常です。同級生には在日朝鮮人もいましたし、駅裏のバラック街に遊びに行ったり、ある種、はるき悦巳の描くマンガ『じゃりン子チエ』そのままの世界で、社会の最底辺の、貧しくて苦しいけれど、底抜けに明るい、そんな実体験があります。

山口県には特別な進学校がないのですが、六つの県立高校に「理数科」という、事実上の進学コースがあります。腕試しに徳山高校の理数科を受験したら合格した。昔から算数と理科が好きで得意だったのですが、ここで集中的に理数系の科目を勉強しました。二年でカリキュラムを圧縮して学んで、三年生は受験対策という特進コースです。

京大には憧れがありました。京大理学部で素粒子か生物（遺伝子）をやろうと漠然と思っていました。小学校からの愛読書が伝記と百科事典だったのですが、純朴な科学少年で、今西錦司も知りませんでした。

家計は相変わらず厳しく、奨学金をもらって進学し、卒業後は就職しようと思っていました。

山口県というのは、極めて保守的でインテリが少ないんですよ。周りに進路を相談しても、理学部を卒業したひとは、まずいない。「理学部にいっても就職できないぞ」と脅かされて、大学受験問題集で原子核工学科というのを見つけて、ここなら工学部のなかでも理学的なことができそうだ、と思ったわけです。

受験が一九七七年ですから、スリーマイル島の事故が起きるまえです。

原子核工学科は、京大のなかでももっとも入試の最低点が高い。次が今西錦司の農林生物学、医学部の順でした。私は受験勉強はほとんどしませんでしたが、受験そのものは得意だったので、チャレンジ精神もあって、受けてみたら無事受かった。

宮台　飯田さんは、必ずしも原子力でなければダメだと思われていたわけではないんですね。

飯田　ええ。ただ、当時、原子核工学の同級生は二〇人だったのですが、宇治にある放射実験室に行ったときに、先生がみんなに「どうしてこの学科に来たのか」と聞くのです。そうすると、全員が「核融合がやりたいから」と答えました。私もです。みんな単純な理科少年だったわけです。

京大ではワンダーフォーゲルに入部したのですが、そこでトビケラを研究するために理学部生物に入学したやつと、蝶の研究をしたいという農林生物の同期生がいて、ふたりとも具体的でシャープな問題意識をもっているので驚きました。彼らは、いわゆる京大人文科学系の素養をもっていて、山に登るたびに議論をしました。

キャンパスの工学部に戻ると、科学少年のお坊ちゃましかおらず、極めて退屈でした。知的好奇心がなくエンジニアリングの延長と感じました。

全共闘運動などの熱い時代が終わっていて、シラケの世代です。だから、あまり物事を突き詰めて考えようという雰囲気ではありませんでした。

宮台　当時の雰囲気は僕もよく憶えています。

飯田　大学院を出て、就職しなくてはいけないのですが、東芝・日立・三菱で原子炉を開発したり、電力会社で原子力発電を開発しようとは、とても思えませんでした。神戸製鋼なら原子力ではなく新素材の開発に横すべりできそうでいいかなあと入社したのですが、それは考えが浅はかでした。

神戸製鋼において原子力分野はマイノリティで、だからこそ、原子核工学科を卒業した人材は、当然、原子力関係の仕事に就かせたいわけです。

余談ですが、神戸製鋼では私より先に有名になった同期が二人いました。一人は、殺されたオウム真理教の村井秀夫。一緒の部屋で寝て、話したこともあります。彼は入社後に付き合った彼女に誘われて、オウム系のヨガ教室に通って、入信するわけですね。もう一人は、民主党の柳田稔元法務大臣。どちらも、あまり言いたくない同期ですが。

神戸製鋼での日々は、結果として私にとって非常に有意義なものになりました。新日鐵のような堅い社風ではない。しかも、東芝・日立・三菱だと、原子力関係の部署が巨大ですから、専門分野が決まってしまい、原子力の壮大なエンジニアリングの一角でタコツボ化してしまったでしょうが、神戸製鋼は一人何役もやらなければならない。神戸製鋼での仕事は、主に放射性廃棄物関係です。最上流では、電力中央研究所と一緒に放射線を止めるための高性能材料の開発をしていました。特許も二〇ぐらい取得したのですが、そのうちのひとつが、東京電力福島第一発電所にある、使用済み燃料貯蔵施設の乾式キャスク（発電所で使用した原子燃料を入れるための容器）に巻いてある中性子遮蔽材です。あれは私が開発したものです。

宮台 不思議なめぐり合わせですね。

飯田 大学の延長線上のような研究だけではなく、機械製図士の資格も取得させられ、図面をひいて設計する。溶接後の匂いが立ちこめる現場で、紙に描いたものが出来ていくという経験をすることができました。いわゆる日本の技術のタンジブルな（肌触りのある）前線でした。

また、原子力のもっとも特徴的な仕事である「安全解析」と「安全審査」にも携わりました。

まず、計画されている原子力関連施設の設計図をベースに、事故で周りが燃えても安全なのか、臨界の危険はあるかを評価したり、落下しても安全かどうか、といった計算をして、安全解析書を作成します。それを関西電力や東京電力に納め、彼らは表紙を付け替えて国に納める。それから、国と電力会社による安全審査が行われます。その一連のプロセスを三年間経験させてもらいました。

原子力ムラと電力幕藩体制

飯田　八〇年代から九〇年代初めまで、つまり私が原子力産業の現場にいたころも、使用済み核燃料の再処理は、もちろん国策でした。あのころはまだ冷戦が崩壊する前だったので、思考停止の固まり。いま考えたら、中身がからっぽでした。

国の原子力委員会が決定した「国策」、つまり「原子力長期計画」の内容を、一字たりとも逸脱してはいけない。そこに「再処理」と書いてあったらそれ以外の政策を匂わせる言葉はいっさい書けない。システム工学的に考えれば、使用済み核燃料は再処理しきれないので必ずあふれかえります。でも「貯蔵する」と書くと「国策」に反してしまう。そこで、「柔軟に管理する」という言葉で、「国策」と現実との乖離を埋めるわけです。フィクショナルな建て前とリアルな現実をそういう言葉で埋めていかないと、建て前の世界では生きていけないわけです。

神戸製鋼から、電力中央研究所に出向しました。

電力中央研究所は先ほども名前の出た松永安左エ門が創設した専門研究機関です。電力会社の売り上げのうち〇・二パーセントを寄付という形で納めてできている研究所で、鵺《ぬえ》のような組織なのです。税法上、寄付した会社が寄付先に介入してはいけないことになっています。だから中立性が保たれているという建て前で、国の審議会や安全検査の委員を数多く務めています。

一方、実質的には、電力会社が「こっちがカネを出しているんだから」という世界があって、理事長以下理事はみんな電力会社の天下り。全体としては「電力会社に奉仕せよ」というのが実態です。

そこで私は二人の上司に仕えました。一人は科学技術庁からの天下ってきた方で、そのひとのもと、原子力安全委員会の下部機関で、新しい技術基準づくりのサポートをしました。もう一人の上司は、電力中央研究所のはえ抜きの方で、電力会社への忠誠心の篤い人でした。

最初の上司のもとでは、二〇代のペーペーにすぎない私は、はじめはただの鞄持ちだったのですが、そこでじっと議論を聞いていると御用学者の名誉教授たちがまるで勉強していないことに気づきました。ＩＡＥＡ（国際原子力機関）のルールを日本に取り入れるという仕事だったのですが、みんな好き勝手なことを言っているだけで、そもそも誰も原典を読んでない。

私は、ＩＡＥＡのルールが新しく改訂されるにあたり、どういう理由や根拠で変わったのか、改訂の背後にある思想や議論の経緯をすべて読み解きました。そういう勉強を誰もしていないので、半年足らずで、二〇代の私がその分野の生き字引になってしまった。

それで、通産省、運輸省、科学技術庁、郵政省の担当者たちに、放射性物質の運搬にかんするIAEAの議論を講義するなど、「飯田学校」とさえ呼ばれたりしました。最後は原子力安全委員会に提出する答申も私が下書きをつくり、提出する際にだけ、科技庁のスタッフがいわゆる「霞が関文学」とよばれる官公庁の文章になるように、最後の調整をするのです。おかげで、霞が関文学や官僚の思考法がわかるようになりました。「霞が関文学」の本質は「フィクションと現実を繋いでいく言葉のアクロバット」です。

御用学者の実態も知ることができました。たとえば、IAEAのルールづくりには、はっきりとした道すじがある。IPCC（気候変動に関する政府間パネル）や、京都議定書など、ヨーロッパのルールづくりはどれも同じですが、まず基本的な骨格の「哲学」があって、この思想に基づいて太い幹をつくり、小枝、葉をつくり、と順をおって議論の階層がわかれている。

ところが日本では、IAEAから次回の検討課題に関する書類が送られてくると、まだ幹のレベルの議論をしているのに、日本ではメーカーや電力会社が集まって、「こういうルールができると、ウチの製品が作れなくなってしまう。適用除外してもらえないか」という重箱の隅をつついたような枝葉末節の議論をするわけです。

そういうレベルの異なる要望をまとめ、「日本国政府の対処方針」として恭《うやうや》しくIAEAに提出する。先方は、「まだ幹の部分の議論なのに、どうしてこういう枝葉の議論を持ってくるのだろう。どうでもいいではないか」と相手にしてくれないわけです。そういう非常に馬鹿馬鹿しい国際交渉を、国内向けにはさも立派なことをしているかのようにもったいぶって見せている。何なんだ、これは、と思いました。

宮台　まるで幕末みたいですね。

飯田　本当に。いまも変わってないと思いますよ。いまも地球温暖化問題では、京都議定書を些末なレベルで「離脱だ！」とまったく的外れな議論をして、勝手にぶつけている。

そうした経験をするのと同時に電力会社も手伝いました。その頃、電気事業連合会では六ヶ所村の再処理工場がまだ机上の空論だったものを事業としてどう成立させるか議論が始まっていました。それを電中研がお手伝いしました。こちらでは壮大なる幕藩的なやり方を目の当たりにしました。

日本に一〇ある電力会社では、東京電力、関西電力、中部電力が、いわば「御三家」です。たとえば原子力廃棄物の問題では、高レベル廃棄物の問題は東電が幹事になって取り組み、再処理の問題は関電が、中低レベル廃棄物の問題は中部電力が、と役割分担がされていました。高レベル廃棄物の問題が発生した場合、東京電力の課長を座長にして、ほかの九電力会社の係長が委員となる委員会を開き、そのトピックを議論する。そこで答申がまとまったら、今度は東京電力の副部長を座長にして、ほかの電力会社の課長を委員とする委員会で審議して答申をまとめる。そういう答申がいくつか集まると、東京電力の部長を座長として、ほかの電力会社の副部長を委員とする委員会をつくり、答申をまとめる。最後は最高意志決定機関で、東京電力で原子力を担当する副社長（いまなら武藤さんですね）が座長となってほかの電力会社の部長を委員とする委員会をつくり、大所高所の方針を固める。こうしたタテヨコの網の目のような仕組みで、どの電力会社も突出も遅滞もできない。

同じプロセスで再処理は関西電力が、中低レベル廃棄物は中部電力が幹事になってきめます。こうした、ヨコで調和をとりつつ問題を下から上にあげていく仕組みを、私は電力幕藩体制と名付けていました。

宮台　まさに、幕藩体制そのままですね。

飯田　網の目のようなネットワークのなかでヨコで相互調整をはかりながら審議され、上にどんどん上がっていく、そういう体制を横でつぶさに見て、しかも電中研のなかの「空気」というのは、原子力長期計画書を一字一句逸脱してはいけないし、逸脱する現実との乖離をアクロバティックな言葉で埋めなければならない。こんな原子力ムラのなかで日常を生きていました。

私は出向だったため神戸製鋼に戻る時期がきて、このまま電中研に残らないかというオファーもあったのですが、「こんなことを一生やっていてはダメだ」と考えたのです。大学のときに感じた矛盾を、学生時代に突き詰めておけばよかったと思いました。神戸製鋼に戻って、我流でいろいろな勉強をしました。高木仁三郎、武谷三男《たけたにみつお》など専門家たちの、原子力と社会にかんする著作をむさぼり読み、「何を手がかりにして生きていけばいいのか」と思って模索したのです。

原子力の分野からまったく足を洗って、新しいことを始めようかとも思ったのですが、いままで続けてきたことに対して落とし前がつかないな、と思って、このどうしようもない空気から一回外に出てみたい、原子力ムラを外から相対的に見たいと思いました。それで、スウェーデンに行くことにしました。

一九八〇年に国民投票で「原発を二〇一〇年までに全廃する」と決めながら原子力に電力の半分を依存している。環境政策、ジェンダー、平和、民主主義などいろいろな分野で存在感が大きな国で、原子力とその周りのエネルギー政策・環境政策がどう扱われているのか、興味があったのです。

宮台　それは冷戦が終わる少し前ぐらいですか。

飯田　冷戦崩壊直後ですね、九二年で三〇代はじめでした。リオ・サミットの直前でした。

宮台　九一年が湾岸戦争の年ですよね。

飯田　トーマス・B・ヨハンソンという、八〇年のスウェーデンの国民投票で「原発を全廃して、自然エネルギーに転換できるんだ」というビジョンをリードした学者の研究室に籍を置かせてもらえることになりました。

宮台　京大にはいり、神戸製鋼に入社したのは、さしたる必然性がなかったというお話でしたが、興味深いのは、神戸製鋼の部署が小さな原子力関連のチームだったので、一人何役もこなさなくてはならないことがスキルアップにつながり、とりわけその後、電力中央研究所に行かれてＩＡＥＡの原典を熟読するという経験をつうじて、ＩＡＥＡの背後にある安全思想や、さらにその背後にあるヨーロッパ流の哲学的な物の考え方に触れられた。

それと同時に、対照的な「却下、却下」の枝葉末節な議論しかしないムラ的な作法にさんざん触れられて、なにがベーシックなレイヤーで、何が枝葉なのかということを一切見極めないような議論がわんさかある日本的コミュニケーション環境を身に染みて経験される。それは「電力幕藩体制」とでもいうべき不合理な仕組みであるがゆえに、「こんなところに一生いられるか」と思い、原子力に関する八〇年の国民投票が行われたスウェーデンに行くことになる。その前には、書物をむさぼり読み、今後どうしたらいいのかという考え方のバックボーンを創り上げた、そういうことですよね。

飯田　はい、そうですね。

宮台　それが九〇年代初頭のことだった。なるほど、たいへん面白いです。僕もちょうど、八九年に『権力の予期理論』（勁草書房）という数理社会学の本を書いて東京大学で社会学では戦後五人目の博士号を取ったのですが、そのあとの学会での取り扱いがあまりにも期待とちがいました。けなされたわけではなく褒められたのですが、「そこじゃないだろ、オレの言いたいポイントは」という具合に、木を見て森を見ない数理オタクの議論にうんざりして、もともとやりたかったサブカルチャーやフィールドワークのほうへ軸足を移しました。僕の場合は九一年あたりです。ほぼ同じ頃に、「やってられるか」という感じになったのですね。

飯田　そうなんですね、なるほど。

宮台　九一年はバブル崩壊の年ではあるし、冷戦体制は八九年から九一年にかけて終わるということもあるし、「イデオロギーの時代が終わる」とかいろいろな「終わり」が言われた時代で、今から考えると、「いままでのやり方でいいのかな」ということになったのかもしれませんね。
　それで僕は、援助交際のフィールドワークで青森から沖縄まで廻るのですが、「日本は相当ひどいところだな」と思うようになります。

オウムと原子力ムラのメンタリティ

宮台　原子力発電にコミットする政策の背後に、おそらく、別に最終目標はないわけですね。単に〈悪い共同体〉だけがある。しかし恐ろしい話ですね。神戸製鋼の同期にオウムの村井さんがいるのも、時代背景として無関係ではないかもしれませんね。僕は『終わりなき日常を生きろ』（筑摩書房）という九五年の本で、冷戦体制が終わる時代が、科学が輝く時代の終焉と重なると書いています。「未来の時代」が終わり、「自己の時代」が本格的に始まります。

飯田　あまり言うと「やっぱり飯田もヘンだ」と言われそうで、いやだなあ（笑）。でも、「原子力ムラ」の空気に順応できるほうが、本当は変ではないのか。

宮台　村井秀夫がオウム真理教の科学技術庁長官としていろいろな設備を設計したり実験をしたりしたことの背後には、やはり飯田さんが感じたのと同じような閉塞感があったように思います。大阪大学理学部から神戸製鋼に入社したものの、ナチュラルサイエンスの初心——未来を切り開く科学——を貫徹するには、神戸製鋼ではなくオウムだ、と。もちろんそこには見過ごしがたい個人的経緯があるでしょうが、心情としては似たものがあるのかもしれません。「未来の時代」が終わってみると、ピュアな志を屈折させて頓挫させるような、〈悪い共同体〉の濃密な霧みたいなものが息苦しくなったのではないか。

飯田　そうですね。

宮台　『終わりなき日常を生きろ』を書いたのは、科学技術的なものが切り開く未来に対する信仰があった時代から、そうではなく、自己のホメオスタシスに汲々とする時代へとシフトして頓挫する、という悲劇が気になった面も一方ではありますが、SF少年が成長して日本のアカデミズムや日本の会社に入って感じる〈悪い共同体〉ゆえの挫折感というのも、たぶんあります。そう考えると、飯田さんの体験は僕の体験と重なります。

飯田　そこを深掘りしておいたほうが、この本を読む人に現代的な意味を与えるかもしれません。

宮台　そこで、お聞きしたいんですが、原子力ムラに適応しきった人も少なからずいるわけですよね。この方々は、もともとはしかし、飯田さんと同じように、ナチュラルサイエンティストになろうという気高い志をもっていたのでしょう。そうした方々が、原子力ムラに過剰適応するに至る理由が、僕には分からないわけです。飯田さんはどうしてだと思われますか。

飯田　ひとつは世代の違いがあるように思います。

上の世代のひとは、意外と素直に適応している。一九六〇年代的な工学がつくり上げてきた高度成長のときに青雲の志で「大きいことはいいことだ」という重厚長大型の世界のなかで自分たちの価値観が形成され、なおかつその頃は大学に進学するひとが少ないので、自分はエリートだと思い、一般大衆を愚民視する。一直線な価値観が組み込まれていて、脇目をふることがない。

われわれと同じ世代はぶれていて、迷っている人が多いように思います。われわれの世代ともう少し下ぐらいまでは、原子力を志すタイプはそこそこ頭がいいんですよ。であるがゆえに、見たくないものも見えてしまう。だから、原子力委員長代理である鈴木達治郎さんなどは、非常に柔軟性があって、原子力ムラとその境界線の半歩内側ぐらいを上手に歩いていた。私は少し外に出ていますが、内側の人たちともコミュニケーションがとれます。

昨年（二〇一〇年）ぐらいから自主的に原子力政策円卓会議を主宰していて、東工大の澤田哲生さん、東大の長崎晋也先生、そして名前は挙げませんが、同じく東大から科学技術庁に行き、原子力ムラの中に居つつも中心から距離をとりながら冷静に見ている、そういう人たちもいます。

もっと下の世代、いま三〇歳代とか四〇歳未満ですと、今度は青年将校みたいになって、強硬な推進論を屈託無く「オレの選んだ道なんだ。ウダウダ言うな」というタイプがでてきます。

宮台　わかります。それは、ポピュラー・カルチャーでいうところの「セカイ系」に対応しています。実存の問題と世界の問題が直結していて、具体的な他者との関係が捨象されている。「オレの選んだ道なんだ」というのは象徴的です。昔の言い方でいえば、認知的不協和理論的なものですね。自分自身の選んだ道が合理化されるような形で、世界を意味加工してしまうわけです。

高木仁三郎さんの影響

宮台　飯田さんは、原子力ムラで原子力の危険性に気づいてヨーロッパに飛び出したわけではないんですね。

飯田　そこは高木仁三郎さんとは違います。高木さんは今も尊敬しているのですが、あのやり方では原子力ムラは絶対に変わらないという確信がありました。安全―危険は相対的な概念なので、「原子力は絶対悪だ」と考えて反対運動に身を投じても、問題は解決しない。ウルリッヒ・ベックのいう「リスク社会」的な考え方が皮膚感覚としてありました。

それと、私は原子力ムラにいつも批判的なことを言っていますが、原子力ムラも内側は、圧倒的に真面目な人たちが形作っています。電力会社の人も、電中研も官僚も、まあ中にはヘンな人もいますけど、大多数は真面目。まさに終わりのない日常のなかで形成された価値観がありますから、外から反対を叫んでも「あいつらのほうがおかしい」と感じてしまう。その感覚もわかります。

宮台　日本〈悪い共同体〉においては、議論のための二項対立ではなく、所属や陣営を問うわけです。いまでも原発の現実を巡って、一方に「安全厨」がいて、他方に「不安厨」がいます。合理性や妥当性についての議論を深めるのではなく、「オレの所属するグループ」と敵グループとの戦いになる。そこでは、議論の合理性などはどうでもよく、勢いがありさえすればいい。マスコミがどっちになびいたとか、そういうレベルの愚昧な話です。

それでも、飯田さんは、高木仁三郎さんの著作は読まれたのですよね。

飯田　ほとんど全部読みましたね。実際に会いにも行きました。でも、まさに世代的な差だと思うのですが、尊敬はするけれど、違和感はある。

「安全」とか「正しい」とかでは論じられない、原子力ムラのグズグズとしたどうしようもないものを、スウェーデンで見たような、合理性が機能して、よりよい方向性に続いていく、ジョージ・ソロスの言う「オープン・ソサエティ」的なものにもうすこし近づけていくために、現実を変えたい。そこに自分自身の思いがありました。

あまりに不合理な原子力ムラを、「正しさ」とか「危険／安全」という論理では絶対に変えられないという直感というか、内側の構図を肌で知ってしまったというか、そういう感覚がありました。

そもそも、ムラの中では「推進か反対か」という論議は絶対にしません。建て前だけで、現実をアクロバティックな言説で繋ぐような世界で、それを支配するボス型政治の強固なネットワークがある。

高木さんはあまりにもストイックで高潔で、とても自分にはできない。自分ができないことをみんなでやって、社会が変わるなんて幻想だ、と、そう思いました。普通の人が普通に変われることがないと、絶対に世の中は変われない。

宮台 「我慢の節電」ではなくて、ということですね。

飯田 「私は環境に優しい生活をしていますよ」ということは、敢えてやってきませんでした。極力避けてきた。「それは飯田さんだから出来るんでしょう」と言われたくないからです。「私はエネルギーをこんなにじゃんじゃん使うし、別に太陽光発電もつけてない」という、普通の人たちが普通に暮らしても、エコロジカルで真っ当な社会に変わる。そうでないとダメだと思ってきました。

貧しくならない省エネ

宮台 実は、飯田さんに薦めてもらったスウェーデンハウスの工法で、八ヶ岳に山荘を建てたんです。凄いですね。標高一二〇〇メートルのところにあるのですが、昼間はまったく暖房が要らない。夜に暖房を切っても、一五度以下には下がらない。飯田さんが薦めてくれた三重窓ベステック、それに、壁に二五センチ、床に三〇センチの断熱材が入っている。

飯田 屋根の断熱材も三〇センチぐらいあるでしょう。

宮台 日本流に坪単価計算すると建築費は高いのですが、でも床暖房を設置してあるかのように暖かい。

飯田 無理に「節電おばさん」みたいな活動をしなくても、スウェーデンハウスなら、普通に暮らしてエコだし、そもそも快適なんです。

宮台　あとは風力発電をつけるといいんだけど。

飯田　薪ストーブは入れたのですか。

宮台　まだです。

飯田　私の自宅は横浜なのですが、暖房は薪ストーブだけなんです。クリーンバーン方式という高燃焼度なので煙はまったくでない。日本のダルマストーブは、木がもっているエネルギーの二〇パーセントしか熱に変えられません。しかも不完全燃焼するから、タール分が煙突に付いて、火災を招きがちです。

クリーンバーンにはヨーロッパ方式とアメリカ方式があるんです。ヨーロッパ方式は、不完全燃焼の部分を二次燃焼室、三次燃焼室、四次と、多段階燃焼をすることによって、八〇パーセントの熱効率をもたらします。アメリカ方式は不完全燃焼のガスを触媒にすることで高温化させて二次燃焼室で熱効率八〇パーセントまで燃やします。

それに、ダルマストーブは火が燃焼しているところが見えませんが、ヨーロッパのストーブは石英ガラスを使って、火を見せる。それが輻射暖房になると同時に、火がアートになるので、「オーロラ燃え」が見えたりして、いいですよ。あと、薪を入れる雰囲気もいい。

宮台　薪はどこで買われていますか。

飯田　栃木県にある障害者の雇用作りをしている所から、屑のような薪を届けてもらっているんです。ゴールデンウィークに届けてもらって、夏のあいだに乾燥させて、冬に使う。ほかにも近所の植木屋さんが、「飯田さん、樹を倒したから、これ使って」って持ってきてくれる。せっかくだからチェーンソーを買って、あとスウェーデンから斧を買ってきました。

薪ストーブは、本体は三〇万円から五〇万円で買えます。問題は煙突です。断熱二重煙突が設置工事代込みで五〇万円ぐらいかかる。でもリビングルームの中心が、テレビじゃなく薪ストーブというのはいいですよ。

日本はダルマストーブで進化が止まり、あとは石油ストーブに替わり、オール電化へと取り替えてきた。対して欧米はそれまでの技術を捨てずに、クリーンバーン方式にして、火を眺めるインテリアにして付加価値も高めたわけです。

なかでも一番おすすめなのはスイスのトンベルク社です。石細工を伝統とするコミュニティがスイス連邦工科大学と協力して、最新の燃焼工学と伝統の石細工、そして欧州トップのインテリアデザイナーのコラボが実現したモダンでシックなデザインです。燃焼効率は八〇パーセントと標準ですが、石が蓄熱するので、薪三本で一晩中暖かいという、超省エネ。
シンプルなテクノロジーを上手に組み合わせるヨーロッパと違って、日本ではギミックに頼りがちです。日本の悪いクセです。

宮台　その背後には、山本七平が言うように、日本人の多くに、自分たちの生活形式がどういうものであるのかということを反省的に理解する、宗教社会学的習慣がないことがあります。ユダヤ教やキリスト教やイスラム教は唯一絶対神を掲げる宗教だから、生活形式が神の意志を裏切っていないかどうかに絶えず関心を寄せます。だから生活形式を変えることにも変えないことにも自覚的です。日本には唯一絶対神ならぬアニミズム的存在——例えば妖怪——しかいない。近代化して学校ができれば「トイレの花子さん」が登場します。生活形式の変化を照らし出す不変の宗教的存在はありません。だから、モノだけではなくて、生活や時間の使い方の全体が、ギミックだらけになってしまうのです。

飯田　省エネというのは本来、不便になることではありません。でも日本では「エネルギー消費を減らしたら貧しくなる」と脅される。

宮台　〈悪い共同体〉の習慣ゆえに、僕たちは、流れに呑まれ、しがらみに呑まれやすい。同調圧力（ピア・プレッシャー）に負ける、という言い方は「本当は自分たちにやりたいことがあるんだが、負ける」という印象です。でも、飯田さんがおっしゃっているように、日本では「自分がやりたいことはそれだ」ということになってしまう。周囲の人々の欲望が自分の欲望になってしまうので、アメリカ人がいう同調圧力とは少し違う。

もちろん、意識して抗おうとした際に抗えないという側面はありますが、意識して抗おうとするだけ、まだかなりマシです。

政策の問題というよりも、たいていの日本人のマインドセットとか、日本社会の形の問題です。僕は〈悪い共同体〉における〈悪い心の習慣〉と呼んでますが、それが解決しないと、共同体自治と言っても新しい村社会、別の原子力ムラをつくって終わりです。

飯田　そこを考えてもらうために、宮台さんとこうして本を作っているわけです。

宮台　日本のエネルギー政策には、ABCD包囲網のトラウマがある、という話を、飯田さんがこれまでもされていますね。エネルギー自給率を上げないといけないという点に関しては、日本は地理的なハンディがあるがゆえに原子力推進にならざるを得ないのでしょうか。

飯田　しかし、韓国もエネルギー輸入率は九八パーセントですよね。

宮台　日本で奇妙なのは、エネルギーを外から得なければダメだという問題が安全保障に繋がってないことです。単にアメリカに依存すれば大丈夫という話ですべてスルーされるのがおかしい。普通は食料とエネルギーはいざとなったら自給できなくてはいけないという話になるはずです。アメリカに見捨てられたら終わり、というのは安全保障にならない。

飯田　本当にそこは不思議です。

ＡＢＣＤ包囲網のトラウマがもしあるとすれば、エネルギーの途絶に対するヒステリックな反応があって、一九七三年の石油ショックに顕著に出てきた。でも、実質は石油依存症になって、本格的に石油を減らす努力にはなっていない。それが「原子力推進」にすり替わって、原子力だってウランを輸入しているから自給でもなんでもないのに、自然エネルギーを、役人と電力会社の論理で押しつぶそうとしている。きわめて二律背反《アンビバレント》な行動を役人がとる。ミクロな論理で行動が決まり、マクロな大義名分はかき消されてしまう。

宮台　ユーチューブで飯田さんの活動を拝見すると、どんな理不尽な目に遭おうと、いつも同じトーンでいらっしゃる。そこが僕にとっては信じがたい素晴らしさです。

おそらく神戸製鋼時代や電中研時代に、ＫＹにならないように計算しながら生きてこられた、その訓練も役立っておられるのでしょうね。

飯田　そこは完璧にアダプテーション（適応）しましたから。電中研ではとてつもなく努力しました。神戸製鋼はまだしも、電中研は「お公家文化」ですから。

4章——欧州の自然エネルギー事情

チェルノブイリの衝撃

宮台　ヨーロッパでの実践例に移りたいのですが、ドイツでは自然エネルギーを普及させるための固定価格買い取り制度の原型となる政策を提案したのは、キリスト教民主党、ドイツの右派ですよね、そこが農民票を取り込む、という形だったのでしょうか？

飯田　むしろ、農民代表の議員が中心的なプレイヤーだったはずです。

宮台　どうして、農民代表の議員が、固定価格買い取り——この場合は風力発電ですよね——を主張できたのでしょうか。

飯田　風力と太陽光は、当時はまだ「環境にやさしい」というシンボルだったのです。それを前面に押し出すと、誰も反対しません。緑の党も、賛成する。

宮台　ある種、良い意味でのポピュリズムが機能する、ということですね。

飯田　一九九〇年の一二月に、法律が成立します。チェルノブイリから四年後です。風力と太陽光が、脱原発のシンボルなのはそういうわけです。

宮台　チェルノブイリの事故は、ウクライナの穀倉地帯をはじめとして、ヨーロッパの農業に大打撃を与えました。僕がよく覚えているのは、イタリアのデュラムセモリナ小麦をつかったパスタが汚染されているのではないかと言われて、日本でも買い控えがおきたことです。日本ではパスタ止まりでしたが、ヨーロッパではチェルノブイリの後遺症として、たとえば農民層が脱原発を志向することが、ヨーロッパでは普通だったわけですね。チェルノブイリ原発事故が起こらなければ、自然エネルギーがポピュリズムのツールになったかどうか分かりません。

イギリスのサッチャー革命による電力自由化はチェルノブイリと関係なく起こりました。市場原理主義者のサッチャーですから、原子力の民営化後の支援を狙った「非化石燃料義務づけ」（NFFO）だったのが、民営化への反発から「自然エネルギー推奨法」に変わった。これも面白い偶然ですね。

飯田　偶然です。シティ（金融街）の反対によって原子力の民営化を引っ込めざるを得ず、自然エネルギーのほうに振り向けたわけです。

宮台　しかし、そのあとのリオ・サミット（国連環境開発会議＝地球サミット）前後の動き、たとえばフィンランドの炭素税だとか、その後の北欧や大陸の国々の動きや、「アジェンダ21」に追随するスウェーデンのベクショーは、きわめて理念的に低炭素化を志向するようになっている。ヨーロッパに大規模な地殻変動が起こった、その理由は何でしょう。

飯田　おそらく、いろいろな偶然が重なった結果です。もちろんチェルノブイリは大きいです。日本人で環境を熱心に勉強している人でさえ、リオ・サミットがきっかけになっているんですが、それ以前に八七年に国連のブルントラント委員会（環境と開発に関する世界委員会）が出した報告書（「地球の未来を守るため」）が、「持続可能な発展開発」を国連が最初に認めたリポートです。ですから、炭素税などの法案の前文にかならず引用されるのは、ブルントラント報告書なのですね。

宮台　結局、チェルノブイリも、日本は対岸の火事だったから、他山の石とすることができなかった、ということなんですね。

高リスク社会

飯田　日本の原発だけは安全だと言われていました。エネルギー政策を、哲学的に深め、実践するという努力は、日本ではほとんどされてこなかった。

さらに、宮台さんの本業になりますが、ウルリッヒ・ベックの「リスク社会論」（邦題『危険社会』法政大学出版局）が刊行されて、モダニティの話もそこから出てきます。私は当時、社会学も政治学も素人だったのですが、一応、エネルギーと政治・政策の関係を射程に入れて、泥臭く活動していたんです。いろいろな研究者に会ってみると、誰もが「出発点はベックのリスク社会論だ」というのです。

宮台 リスク社会論は二項対立の図式を効果的に阻止しているわけです。もともと、予測不能、計測不能、収拾不能の高度リスクの代表事例である原子力発電に、われわれはすでに依存しているので、イチかゼロというわけにはいかない。しかし、その危険は市民、市民社会に直接及んでしまうがゆえに、市民の自治によって是々非々で解決するしかないんだ、こういう理屈でした。

「リスク社会論」が理科系の人びとにも読まれていて、議論の出発点になっていたのですね。チェルノブイリ事故に対応するヨーロッパの市民社会の方向性を提案するものですけれど、「災い転じて福」としましたね。

でも、もともとヨーロッパの市民社会には、「災い転じて福となす」ための、知識社会としての市民社会を構築しようという意思が感じられます。日本の明治維新以降の近代化も、敗戦以降の再近代化も、そういうものではなかった。

基本的にアジア的な支配層はむしろ外国と結託して自分たちの国民を蔑《ないがし》ろにするケースが多いのですが、江戸幕府はまったく違っていて、イギリスとタフな交渉をしていました。それを理解しない能天気な下級武士たちが、尊皇攘夷とか言いだすのですが、実際に幕府が大政奉還をしてみると、「攘夷じゃ無理だ」と下級武士たちも開国に転じる。排外的な国体から非排外的な統治へと転じたわけです。

日本の場合は、知識社会を支えるナレッジデータベースが変わるのではなくて、空気の変化にしたがって図式が激変するのです。

飯田　もともと根拠を突き詰める文化ではない。今回3・11の「避難距離は二〇キロ」というのも、まったく根拠を示さないまま続いていて、ある日ずるずると変わってゆく。知的好奇心が欠けているのかなと思います。単なるおもしろがりの好奇心ではなくて、使命感をもって「これは自分のミッションだ」と腹に落として実行する。そういうレスポンシビリティ（責任感）が欠けていて、与えられた仕事しか持っていない。

ＳＰＥＥＤＩ（放射能影響予測ネットワークシステム）が典型です。あれは官邸が拡散予測を出さなかったとかそういうことではなく、間違いなく震災後最初の一週間は、誰も自分の仕事だとは思っていなかった。ネットで「ＳＰＥＥＤＩはどうした」と話題になって、私も「早く出せ」とツイートしました。それで、担当者がようやく動き始めた。でも、どんな数値を出せばいいかわからず、でもそれなりにやって官邸に提出した。その後の情報を出すかどうか、それは後段の話です。

そういう、一人一人の個人が自分の仕事に対して「活きた責任感をもっていない」というのが、いろいろなところに見られる。

宮台　日本の場合の行政官僚制は、いわゆるマックス・ウェーバーの言うような行政官僚制の弊害とはちょっと違った要素、つまり〈悪い共同体〉としての要素があるのです。だから、行政官僚制の弊害なるものが、私企業においても、アカデミズムにおいてでさえも支配してしまいます。その支配の仕方は、原子力ムラを含めて、内容無関連な手続き合理性の追求と言うよりも、「空気に抗えない」という「ムラ的共同体原理」であり、行政官僚たちが自らの利害を守ろうとして合理的な行動をとっているというよりも、「自明性を揺るがしてはいけない」「一人だけ違ったことを言ってはならない」などと、アメリカ人やヨーロッパ人や中国人から見るとまったく訳のわからない非常に奇妙な規制の原理が働く。いち早く使命感に燃えて動く人が出ると、「おまえ、何をいきりたっているんだよ」と、KY扱いされるんですね。

飯田　真理、事実は横に置かれて、ムラの秩序で動いてしまうので、結果として事実をゆがめ、真理をゆがめることが平気でまかり通りますよね。

宮台　事故のあとの言説が戦争のあとの一億総懺悔のようで、「東電だけが悪いわけじゃない」と、懺悔と悔恨、鎮魂のオンパレードです。

飯田　神戸大学名誉教授の石橋克彦先生もどこかのコメントで、「こうなったことを止められなかったわれわれにも責任があるんだ」って。それはそうかもしれないけれど、でもそれで終わらせてしまっては、原発を作り続ける社会はまったく変わらない。

宮台　原発技術はともかく、社会の動き自体を科学的に反省するという話が抜けていて、いきなり鎮魂の話になってしまう。このまま戦後の失敗を繰り返すのはまずい。社会の動かし方自体を科学的考察の対象にしないと、同じことの繰り返しになります。

環境エネルギー革命の一〇年

宮台　飯田さんが行かれたトーマス・B・ヨハンソン研究室は、原発を全廃して自然エネルギーを提唱する、そういう研究室だったんですね。

飯田　そうです。

宮台　そのころは、飯田さんご自身に自然エネルギーに関する踏み込んだ認識があったわけではないのですね。

飯田　エネルギー全体とか環境のことも、そもそもほとんど分かっていませんでした。原子力ムラで、原子力だけの実学とか研究とか、霞が関文学とか、まさに原子力ワールドにいて、その外はまったく知らなかったんですね。

しかも、ある種の歴史の偶然で、私にとって幸運だったのは、一九九〇年代のヨーロッパというのは、まさに「環境エネルギー革命の一〇年」だったんですよ。それで非常に衝撃的な勉強をさせてもらった。

それ以前にも予兆はあったわけですが、一九九〇年末にドイツが、固定価格買い取り制度の元になる法律を議員立法で成立させるのですね。それは結果として後に私が手がけた自然エネルギー促進運動の重要な雛形となるのですが。

キリスト教民主党が与党だったときに、ドイツは日本以上に官僚が支配する国でしたから、官僚立法だと分厚い法案になってしまうのが、わずか一ページの法律を議員立法で通してしまう。

当時、太陽光発電も風力発電もまだ未熟な、お呼びでない、「おもちゃ」の時代でした。農民を票田とする少数党だったキリスト教民主党が、その「おもちゃ」を前に押し出して、実は小水力発電で儲けようという下心のある法律だったのですが、歴史的に見れば、そのときに固定価格制の原型ができるのです。さらにその先祖を辿ると、カーター政権まで辿り着くのですが。

もうひとつは宮台さんも指摘されたように、サッチャー革命の末期に、イギリスで電力自由化の論議が巻き起こります。八九年なんですが、その議論のおまけとして、非化石燃料義務づけという制度を生み出します。本来は、自由化された市場でも原子力を生き延びさせようという知恵だったのですが、シティ（金融街）が猛反発して、「原子力を民営化させると市場が面倒みられないから、国で面倒みろ」ということになって民営化は撤回されます。そこで、非化石燃料義務づけは瓢箪から駒で、原子力ではなくて自然エネルギーに適用することになるのです。

イギリスは市場原理主義の国ですから、ドイツのように価格を決めるのではなくて、競争入札で一定比率で自然エネルギーを買いなさい、という政策になります。このイギリスの非化石燃料義務づけとドイツの固定価格制の二つが偶然にも、九〇年代のヨーロッパでの市場を活用した自然エネルギーの普及政策、いわば「需要プル」という新しいパラダイムの政策の源流となります。

それまでは、自然エネルギーというのは、日本が今も続けているように、補助金をつけるか研究開発をするかという、上流側のことしかやってなかった。

イギリスとドイツの取り組みが、市場を拡大することによって普及させようという需要側の政策になり、それから各国でもいろんなアイデアが出てきましたが、なかでもドイツの風力発電が爆発的に伸びます。

歴史を俯瞰すると必然的に見えますが、九七年の京都議定書のときに、日本はCO_2プラスマイナスゼロ、アメリカはプラス二パーセント、ヨーロッパはマイナス一五パーセントという主張でガチンコの闘いがありましたが、そのとき、ヨーロッパが後ろ手に持っていたのは、九七年から一三年間で自然エネルギー比率を六パーセントから一二パーセントに倍増するという「自然エネルギー白書」です。それをEUは、京都会議の一週間前に決定していた。その背後にあったのは、ドイツの風力発電の導入量が九七年時点でついにアメリカの風力発電を抜いた実績でした。それでヨーロッパは自信をもって、「これからは自然エネルギーの時代だ」と白書をつくって京都に乗り込んできた。

それを、私はヨーロッパで目の当たりにしてきたのです。

それと並行して、一九九〇年にイギリスから始まった電力自由化の波は、ノルウェーにうつり、九六年一月にはスウェーデンも電力を自由化します。で、ちょうどそのときにスウェーデンは電力会社を選べるだけではなくて、発電方法も選べるようにしよう、ということになって、それが自然エネルギーを選べる仕組み、すなわち「グリーン電力」の普及に繋がります。

その仕組みをつくったのがいまのスウェーデンのエネルギー庁長官のトーマス・コーバーガーで、当時環境NGOの代表だったのですが、彼はヨーテボリ大学、私はルンド大学で、親しく付き合っていて、いまでも無二の親友です。

自由化と整合しうる自然エネルギー普及の仕組みは、新しい発想でした。

もう一つ。九〇年前後に、フィンランド、スウェーデン、ノルウェー、デンマーク、オーストリアといった、北欧と大陸の小国が、いわゆる炭素税を現実に制度として導入して、温暖化防止のキラーコンテンツとする政策がこのころ始まります。

そのほかに九二年のリオ・サミットでは「アジェンダ21」が採択され「ローカルアジェンダ21」の策定が求められます。今回の対談の重要なテーマですが、地方自治体がエネルギーと環境の政策の主導権を持つというものです。

スウェーデンは非常に優等生的で、すべての自治体で「ローカルアジェンダ21」を実行します。そのなかで生まれたのが、南にあるベクショーという、森林のふるさとのような街です。ベクショーでは街ぐるみで議論を重ねた結果、「二〇一〇年までに化石燃料をゼロにする」ということを九七年に決議して、まず、暖房に使うエネルギーをすべて木屑を利用したバイオマスに切り替えます。

あるいはスウェーデンのゴットランド島とか、デンマークのサムソ島は、島をまるごと自然エネルギーに切り替えるプロジェクトを始めます。スウェーデンにいてヨーロッパを俯瞰すると、九〇年代には環境エネルギー政策が音を立てて変わっていくことがわかりました。これらは、表面的な話であるともいえますが、より本質的な次元では、「知識社会の変化」でもありました。

少し話は遡りますが、スウェーデンとデンマークでは、原子力をめぐる二項対立の問題は、八〇年代初めに終わっています。

宮台 原子力推進と原発反対の対立ということですね。

飯田 ええ、推進対反対の二項対立だと、相手の穴を狙って論破すれば勝ち、ということになります。でも勝っても現実が何も変わらないなら、そういう議論は不毛です。

もちろん、二項対立というとまったく対等でない関係をあたかも拮抗する勢力同士の対立であったかのようにみなすことになるので、そこは注意が必要です。

宮台 飯田さんのおっしゃるとおりです。現実に作用する権限を持った者の側に、圧倒的に責任があることは間違いない。そうした非対称な関係のもとで、実際に行為する側は政治的な無責任を決め込み、批判者は有効性を度外視したままひたすら反対運動をやり続けてきた。その結果、何も変えられないまま、今回の惨事にいたった。それが日本の現実です。

飯田 二項対立の議論をいくら続けても、現実には、原子力発電で生まれたゴミは処理しなくてはならない。そのための実践的な知恵が必要なのです。そのために機能する法律、工学技術、安全管理体制が要ります。政治的には二項対立でぶつかっていたものが、円卓で平等に意見を交換しながら、マルチステークホルダー（多様な利害関係者）で「あなたは何に貢献できるのか？」という話になる。環境ＮＧＯの活動から、もっと職業的な「インスティテューション」（制度・公的な集まり）に変わっていくわけです。たとえば環境アセスメント（影響評価）が必要だし、二項対立から知の創造モードに切り替わっていく。

「エコロジー的近代化」を政策的に読み解いていくと、レーガン、サッチャーあたりで生まれてきた市場原理的なものも、スウェーデンなどの北欧社会は市場メカニズムだけは上手に取り入れながら、しかし、市場に任せておけばいい、という自由放任《レッセフェール》的なものにするのではなくて、いわゆる炭素税を燃料の価格に組み入れれば、あとは市場メカニズムで石炭が減るというように、経済のメカニズムにきちんと「環境」を入れて、あとは市場にゆだねるということをしました。

同時に、環境政策も進化したのです。つまり、硬直的なやり方、たとえば発生した有害物質を最終的に外部に排出しないエンド・オブ・パイプ的でコマンド・アンド・コントロール（命令管理）的なやり方ではなくて、市場メカニズムを取り込んだわけです。スウェーデンのNO_x（窒素酸化物）課徴金がそれです。

日本だと「いくらカネをかけても構いません」という考えのもと、NO_x除去装置を全発電所に設置するという、まさに「コマンド・アンド・コントロール」と「エンド・オブ・パイプ」の象徴のような対応です。

スウェーデンの場合「いくらNO$_X$出してもいいよ、でも課徴金をかけるよ」「出さないところが総取りだよ」という具合です。バイオマスはNO$_X$が出ませんから有利ですし、大きな企業でいますぐ変えられないところは、課徴金を支払う。そうするうちに、三、四年でNO$_X$排出量が激減します。

購入する燃料を天然ガスに変えるなど、方法にも、時期にも柔軟性《フレキシビリティ》があるので、極めて効果的であるうえに行政コストはゼロです。

このように「政策を知識で組み立てていく」という発想が、ヨーロッパにおける八〇年代から九〇年代の転換を生んだと考えています。

こういう知的な積み上げが、日本ではゼロといってもいい。二年ごとに新しく来る役人たちが、すべてゼロから始める。コンサルタント会社はコピー&ペーストで報告書をつくり、結論に合わせる「合わせせメント」というでっちあげアリバイ文書しか作れない。北欧との圧倒的な差を、いま改めて痛感します。

宮台 知的な議論の積み上げをベースに、政治の力で法的環境を変え、それによって市場環境を変え、市場内部における経済的合理性を動機づけにして、環境政策の目標を実現するわけですね。

5章——二〇〇〇年と二〇〇四年と政権交代後に何が起こったか

肩書に弱い日本人

飯田　日本に戻って環境ＮＧＯ「市民フォーラム21」の立ち上げに加わり、やがて自然エネルギー促進法を制定するために超党派の「自然エネルギー促進議員連盟」の立ち上げに走りまわりました。一方で、コンサルタントとして日本総合研究所に籍を置くのですが、自民党の代議士に会う際には、日本総研研究員だと私は「先生」扱いになるんです。でも環境ＮＧＯの名刺だったらゴミです。福島瑞穂さん（現・社民党党首）たちとは長い付き合いですからジーパンでも大丈夫なのですが、自民党本部だと入れずに止められます。でも、背広にネクタイ、日本総研の名刺だと「先生」。

いったん「門」をくぐれば、あとは「アワーサイド」（自軍陣地）になるのですが。

宮台　原子力の危険に気づいたことがきっかけで、自然エネルギー分野に行かれたのだと思っていたので、コミュニケーションの不合理に気づいたという今の話はすごく印象的で納得できます。

飯田　私が原子力に一番疑問をもったのは、原子力という技術ではなくて、原体験なんです。いわゆる田舎で開発される側、社会の最底辺へのシンパシーがある。

原子力を研究開発している側は善意で事業を進めるのですが、みんなに共通しているのは「上から目線」なんですよ。

原発があるところを実際に歩いてみるとわかるのですが、地域がまっぷたつに割れている。小さい女の子が転んでも、「あの子は反対派の家の子だから、ほっとけ」ということが、地域に起きている。それは非常にやるせないことで、そういうことを起こさざるを得ない原子力の構図がある。これは、ほかのエネルギー開発でも起こりうることですけれど。

宮台　インターネットを見ると、「東電の子を仲間ハズレにしよう」という話をネタにして盛り上がるような愚昧な動きがあるようですね。

飯田　東電の経営者や組織としての責任と、社員個人とは切り離さないといけないですね。

宮台　オウム騒動のような単なるバッシングで騒然となる事態が起こっているかもしれない。信者の子供を学校に来させないようにしようとする動きや、信者の住民登録を認めない動きまでありました。愚昧です。ここから脱するのは大変です。

サンデルが流行しているのも象徴的で、正義を論じてしまう限りにおいては二項対立だからダメなのですよ。サンデルはそこは巧妙です。リベラルの言う正義だと、二項対立になってしまう。サンデルの言う正義は、基本的には共同体的に陶冶《とうや》された感情だから、別に普遍原理ではないんです。ただ、そのぶん、万人に無条件で要求できない弱い正義なんです。

二〇〇〇年の電力自由化論議

宮台　3・11の震災後も山口県の上関《かみのせき》では、不合理な原発立地計画が、そのまま急いで強行されようとしています。いったいどうしてなのか。みんな不思議に思っていると思います。中国電力はなぜ工事を急ぐのですか。

飯田　基本として根っこにある状況と、中国電力が背中を押されている構造、そしてここ最近の事情という三層構造になっています。

第一層はほかの候補地が次々と潰れていったこと。新規立地点は、ことごとく潰れていったわけです。そのなかで、保守の岩盤といわれている山口県で、上関が新規立地の象徴となってしまった。

第二に中国電力がなぜ背中を押されているのか。非常にバカバカしい理由ですが、中国電力は石炭火力の比率が大きくて、中国電力が排出しているCO$_2$を、売っている電力の量で割り算すると、CO_2濃度が決まるんです。これを、電気事業連合会は二〇一〇年までにいくら、二〇二〇年までにいくら、と目標数値を挙げてCO_2濃度を減らしたいのですが、中国電力はいまほかの電力会社の倍になっている。だから分母を増やして分子を減らしたいので、原発をつくって薄めたいわけです。

原子力を最初につくったのは東電と関電で、中国電力は、産業政策上、石炭火力をずっと続けさせられてきたわけです。これまでの産業エネルギー政策のツケと歪みがそのまま残っているのを、電力会社ごとに分けてCO_2削減だと割り算すると、中国電力が不利になるのは当たり前です。ある意味、中国電力は被害者なのです。

どうすれば良いか。経産省と環境省の決め事だけですぐに変わる。産業政策上、電力方式の指導が終わったのが二〇〇〇年です。それまでの原子力発電と水力発電は、国で行ってきた。CO_2濃度はみんなで割ることにして、二〇〇〇年以後に石炭火力をつくったなら、それは電力会社の責任だとして追加すればいい。

そういうことすらやらずに、くだらない理由で背中を押されている。

宮台 しかし、いくら何でもそれだけじゃ中国電力の動機づけを説明できないように思います。CO_2を薄めたいという論理を信じるふりをしているだけではないでしょうか。素人としては納得がいきません。

飯田　これはまったく私の推測ですが、中国電力というひとつの人格があるわけではなくて、まずとにかく原発をつくりたい原発族というのが、どこの電力会社にもいると考えると分かりやすい。もう少し冷静に考えている企画の人たちもいる。その拮抗というのが、ほとんどの構造ですが、ただ悲しいことに中国電力は地方電力会社なので、「お上に弱い」。東京電力だったら、いくらでも自分たちでルールを変えることができます。でも地方の電力会社は中央に従うという「お上意識」があって、冷静な企画の人たちもかなり愚直なわけです。

第三層の要因として、ここにきて加速した原因は、民主党政権です。民主党に交代した直後はよかった。マニフェストも原子力推進ではなかった。そのあと、経産省のなかの原発族と、民主党のなかのエネルギー族という「岩盤」が、民主党のエネルギー政策を完全に食い破って、暴走しはじめた、というのが大きな理由です。それで原子力輸出に一気に突っ走った。上関原発が新規立地のシンボルとなって浮かび上がっているところに、経産省は「原子力立国計画」という、ほとんど妄想のような計画を立てていましたから、二〇一〇年にはそれに沿って「エネルギー基本計画」を策定し、「二〇二〇年までに原発を九基、二〇三〇年までにさらに五基の、計一四基を作る」「二〇三〇年までに原子力比率を五〇パーセントにして、再生可能は二〇パーセントにして、七〇パーセントを非化石にする」とした。

今年（二〇一一年）一月二八日に民主党の「原子力新規立地プロジェクトチーム」という会議のなかで、まさに「上関をどうする」と議論しているわけです。そこで、経産省と民主党が中国電力の後押しをしたわけです。二月二一日の工事再開に六〇〇人の警備員を動員したのは、そこからきている。

去年、経済産業省の監視船が出始めています。それまでは中国電力と、比較的中立の海上保安庁の監視船しかなかった。

宮台　そこで、お聞きしたいのですが、経産省にとって原発輸出計画というのは、長期的に見合う合理的なものか、ということです。「原発を輸出するシンボル」としての政治、という意味は分かるのですが、そもそも計画そのものの合理性について、経産省を挙げて、省是のようにして打ち立てるようなものなのかどうか。

電力総連と連合が集票母体となって民主党を支持していることはそれはそうだとして、それこそ鳩山さんが政権当初に掲げていた理念があるわけで、それが現在の官邸あるいは菅政権のなかで、どういうふうに継承されているのか、僕には分からない。

菅政権が、「原子力立国計画」を積極的に承認ないし命令しているのか、よくわからない。鳩山さんの理念はどうなってしまっているのでしょうか。

飯田　原子力については、まず鳩山政権のCO_2二五パーセント削減のなかでは、曖昧です。温暖化政策と原子力政策は、直結してはいない。

宮台　直結していないとちょっとおかしくありませんか。CO_2が温暖化の主犯だとしても毒じゃないけれど、原発の出す放射性廃棄物は「毒の中の毒」です。原発OKというんじゃ、環境に少しもやさしくない。地球環境の保全が〈最終目標〉ならば、原発推進はありえませんよ。

飯田　しかし、原子力をどうするかという問題意識は3・11以前にはほとんどなかった。マニフェスト上は、原子力については推進とも反対とも書いていないはずです。

ただ、原子力は過渡的なエネルギーであることを、歴史的には民主党はずっと掲げていたのです。ところが旧民社党は、自民党の原子力政策よりもはるかに突出した、非現実的なビジョンを掲げていた。その人たちが民主党の経済産業部会やエネルギー部会を支配していた。だから経済産業大臣は直嶋正行さんであり、その後も大畠章宏さんと、旧民社党です。

経済産業省がなぜここまで非合理的な志向だったかというと、じつは省内には合理的な人も少なくないのですが、二〇〇〇年の電力自由化論争のときに、合理化の陣営が半分パージされて、そのあと二〇〇四年の六ヶ所再処理工場が争点となったときに、残りがパージされたわけですよ。

それで、電力会社に近く、技術官僚的な「原子力とにかく推進派」が残った。

当時は、エンロンの破綻（二〇〇一年）が影響して、日本の自由化への議論が後退した。エンロンだけを頼りにした市場原理主義が突出する一方、ヨーロッパ的な公共政策がゼロだった電力自由化陣営にも問題はあります。

ヨーロッパは「リ・レギュレーション」ではなく「ディ・レギュレーション」とさえ言っていた。なかでも送配電を分離することは、まさに高速道路が公共財であるのと同じような捉え方です。

二〇〇〇年の日本の電力自由化論者は「安ければいい」と、石炭火力に突っ走った。そこには環境も公共も視野に入ってない。政策知の底が浅いわけです。

宮台　だからエンロン破綻で、市場原理主義派が一気に弱体化して、「市場化は危ない」「いままで通りでいい」ということになってしまったわけですね。あまりにも黒歴史すぎますよね。ゲームかアニメのなかの世界であってほしい酷い話です。
そもそも飯田さんが今おっしゃったような情報が国民のところにまで来ないことが問題です。電力会社が大スポンサーシップであるがゆえに、メディアがエネルギー政策についての代替案を提供できず、国民の世論がまったく盛り上がらない状態が続いてきました。

したがって、どんなに非合理であれ、これまで原発を推進してきた人たちが、やりたい放題だったわけです。情報がないのでは抵抗が起こりようがない。

飯田　全国の電力会社はみな独占を続けたいので、スクラムを組んでいます。経済産業省はこれまで失敗してきた政策を隠蔽したい。なおかつ、それを取り巻く御用学者と御用メディアが、古いパラダイムの靄のなかに漂っているので、現実を伝えようとしないし、伝えたとしてもいろんなバイアスをかける。

「日本は原子力技術の先進国だ」という「神話」があります。推進派の言い分はこうです。

原子力発電所をひとつ作ると、非常に大きな波及効果がある。発電量も大きく、温暖化防止にもなる。原子力を推進すれば、技術も磨かれ、産業としてもエネルギー対策としても発展する有望な技術だ、と考えている。

まさに二〇〇〇年の電力自由化論争で問われたのですが、原子力とは巨大な設備投資をして長期的にコストを回収するうえ、しかも安定的に電気を消費してもらわなければならない。自由化のような市場をつくると困る。しかも核のゴミを処分していかなければならない。だから独占市場がないと、この大切な原子力産業を育てられない。これが独占と原子力を結びつけたのだと思いますね。

宮台　興味深いですね。電力会社が自分たちの権益を温存するべく、自由化に歯止めをかけるもっともらしい口実、つまり「原子力発電に傾斜をすれば、投資コストを回収するため、あるいは原子力発電を安定的に運用するため、独占を維持するしかない」という口実を利用できるわけです。原子力政策自体が重要なのではなくて、原子力政策によって独占政策を正当化することが重要だったようですね。

飯田　いまとなってはそうですね。

二〇〇一年四月に、当時の福島県の佐藤栄佐久知事がエネルギー政策検討会を立ち上げたのは、電力自由化にまつわる議論のなかで、国も東京電力も信頼できないと考えたからです。二〇〇一年二月に種市副社長が「東京電力は今後三〜五年間あらゆる新設電源の建築を凍結する」といったわけです。それに佐藤知事は怒った。これまで協議を進めて受け入れようとしていた石炭火力やそれに伴う地域振興計画はご破算じゃないか、と。まったく相談なく凍結したのはどういうことだ、というわけです。

そこで検討会で調べていったら、次々と国のボロがでてきた。

当時は東京電力は自由化に備えて経営ポートフォリオを低リスクにもっていこうとしていた。一〇年前は今よりも合理性があったわけです。

時代を経て、いまは独占を維持するために原子力にしがみついている。

関西電力は非常にしたたかで、新設の原発計画は一切ありません。たとえば、日本原子力発電の電気を買いますよと言っていますが、いざとなったら切り離せる。

二〇〇四年の暗闘――六ヶ所再処理工場

宮台　日本のエネルギー政策における原発依存について、あらためて教えてください。

飯田　それについては事実としての原発依存と、原子力ムラのなかの精神的な依存は分けて考えたほうが良いと思います。

原子力発電は七〇年代から九〇年代初頭にかけて急激に成長し、九〇年代にスローダウンになり、二〇〇〇年代には完全に横ばいになります。

原子力ムラのメンタリティは、七〇年代から八〇年代後半まではガチガチの揺るぎない自信がありましたが、八〇年代末には冷戦の終結後の影響を受けたりして、高木仁三郎さんの主催したプルトニウム国際会議に科技庁も参画する「対話の時代」もあって揺らぎました。

九七年に京都議定書があり電力自由化論議がはじまる。ここで電力会社と経産省の真正面からの闘いがはじまって、エンロンの崩壊でなんとか原子力ムラが制した。

二〇〇四年に六ヶ所村の再処理工場をめぐる「経済合理派vs.原子力ムラ」の闘いが再燃しますが、ここも原子力ムラがかろうじて制して以来、完全にタガが外れます。今や、原子力をめぐる議論の水準は、環境NGOサイドのわれわれのほうが高いくらいです。原子力ムラは中身が虚《うつ》ろで、であるがゆえに、対話もしない。

事実として原子力はほとんど普及はしていないのですが、それでも彼らは「原子力立国計画」と言い出して、それこそ敗戦末期の日本軍のようになりました。

われわれが主宰する「原子力政策円卓会議二〇一〇」の一場面です。一応、推進側に属するある准教授が、「安政の大獄状態なんですよ、飯田さん」と言っていました。原子力ムラの中では、この数年、揺らぎのある言論に対して徹底弾圧してきたそうです。

宮台　井伊直弼のような中心人物はいるんですか。

飯田　いると思います。二〇〇四年の核燃料サイクルに関する議論はまったくデタラメなのにもかかわらず勝利したので、もう原子力委員会も含めてまったく議論しない。いわば安政の大獄のなかで、安政の大地震が起こったわけです。

宮台　いつも不思議なのですが、二〇〇四年の再処理施設の問題で、なぜ議論において有利だった経済合理派が負けたのですか。

飯田　ひとつの陣営に表立ってなれなかったことが、最大の敗因です。三つのセクター

（派閥）にわかれていました。

東電企画部、経産省キャリア、河野太郎さんを中心とする陣営。ちなみに、坂本龍一さんたちの「ストップロッカショ」がはじまるのは、それらが終わった二、三年あとです。

経産省や河野太郎さんが始める前に、実際には東電企画部はすでに敗れ去っていた。勝俣恒久東京電力社長（当時）は、じつは六ヶ所再処理工場を止めたかったのです。その話を東電企画部が経産省に交渉に行ったときに、当時の人材配置の巡り合わせの悪さがあったのです。

当時の事務次官であった村田成二（現ＮＥＤＯ＝新エネルギー・産業技術総合開発機構理事長）は経済合理派で、六ヶ所再処理工場を当時止めようとした。それでも国策を自ら変えるわけにはいかないから、建て前は「推進」を装うわけです。

経産省のキャリアは村田さんの指示でブレーキを踏む方向で動いたけれども、唯一原子力政策課長（京大の原子核工学科では飯田の一年先輩）はアクセルを踏む側だったのです。

部下のキャリアの人たちはみんな建て前では推進だけど、裏では止めるように動いた。その状況で、東電企画部が経産省に「六ヶ所をなんとかしたい、このままでは東電の経営が危ない」と相談したところ、原子力政策課長が全部撥ねつけて、退路を断ってしまったのです。私の見えてないところでは、「ＡＥＲＡ」の記事によると、いまの武藤栄副社長をはじめとする東電の原子力ムラも「中止させせない」と企画部を羽交い締めにしたふしがあります。

当時、万策尽きた勝俣社長が言ったとされる有名なセリフがあります。

「産道に入った赤子は戻せない」

それで企画部も再処理ゴーサインに従った。その代わり、国はなんとか面倒を見ろ、ということで、毎年五〇〇〇億円の「再処理等積立金」を約束させた。

私が河野太郎さんの勉強会に呼ばれたのも、ちょうどその頃です。「原子力の問題をいったん横に置いておいて、六ヶ所再処理工場が放射能で汚染される前に止めないとダメだ」と提言した。

原子力はすぐに「推進・反対」という二項対立の話になってしまいますが、六ヶ所問題は経済合理性で語れる。それで河野太郎さんが「ごまめの歯ぎしり」というメルマガで、二〇〇四年の一月に「六ヶ所村の問題はおかしい」と書いたら、財務省、経産省の一部から協力しますという声が上がった。こうして河野太郎さんと経産省キャリアとの連合軍が出来たのです。それからいくつかのドラマがありました。

福島瑞穂さんが国会で「再処理と直接処分の経済性を比較したことがあるのか」と質問して、当時の日下一正資源エネルギー庁長官が「いままでは検討したことがありません。

これから検討します」と答弁した。実は日下さんの後ろのキャビネットには、直接処分のほうが安くつく報告書があったのです。明らかに虚偽答弁です。のちに、その報告書がメディアに流れ、新聞一面で「秘密文書あった」「虚偽答弁だ」「直接処分のほうが安い」と大々的に報道されました。これで勝負がついたと思ったのです。

それで原子力ムラの人びとが危機感をもって反撃に出て、「虚偽答弁をせざるを得なくなった書類管理体制が問題だ」と建て前を掲げつつ、実は原子力政策課に対して査問会をすることになります。そこでは、ある書類をないと答弁したことを問題にするのではなく「誰が書類を流したんだ?」と犯人捜しをした。

再処理を推し進めた原子力政策課長が飛ばされて一ヵ月後、今度はその意趣返しで改革派の部下全員一人残らず異動になる。

血みどろの争いでした。

再処理推進派の新課長が新たに来て、原子力委員会のもとに設置された策定会議も、極端な「再処理推進派」の委員ばかりになって、その審議会を立ち上げたところで勝負があった。

あのころは、櫻井よしこ、猪瀬直樹という保守のふたりが、同じ日（九月一四日）に発売の週刊新潮と週刊文春の連載コラムで、口を揃えて「六ヶ所はやめるべきだ」と書いた。

イデオロギーの話ではなくて、合理性の論点から初めて原子力の論義が行われようとしたのですが、彼らをしても、再処理施設建設に突っ切られた。

推進派の論理は、こうです。

「再処理と直接処分だけをそれだけで比較すると直接処分のほうが安い。しかし直接処理しようとすると、いま再処理用に保管している使用済み燃料で糞詰まってしまうから、原発がとまってしまう。原発が止まると、石炭火力発電所を建設しなくてはならない。そのコストを含めると、再処理のほうが安い」

こんなありえない屁理屈で再処理推進に踏み切ったのです。

今やその再処理が止まっているから、まさに六ヶ所村の三〇〇〇トンプールは満杯です。そのために福島第一原子力発電所の四号炉には、使用済み燃料がプールにいっぱいに入っている状況で、燃料が溶融したわけです。彼らが屁理屈を捏《こ》ねた結果、こうした現実になった。

私と河野さんが代替案として主張したのは、乾式貯蔵です。いままで、原子力発電所の地元には「ゴミを持ち出します」と説明して、青森県には「六ヶ所村につくるのは燃料生産工場です」と、それぞれにウソをつきまくってきた。どっちにしても、使用済み燃料は最終処分しなくてはならないから、それまでは安全に貯蔵するしかない。再処理は高いし、そもそも意味がない、というのがわれわれの結論でした。
　実際にそのアイデアが実現して、福島第一原子力発電所のパイロットにつくった乾式貯蔵施設が全国でもっと広がっていたら、四号炉の使用済み燃料プールももう少し状況が良かったかもしれない。

宮台　その乾式貯蔵の技術基準や設計そして素材開発にも関わっていたのが飯田さんだったのでしたね。
　しかし、いくらなんでも、今回の事故をきっかけに、また経産省の内部で人事が起こり、原発推進派は一掃されるのではないですか。

飯田　いや、そう簡単にはいかないと思います。
　事故検証もふくめて、これからどういう枠組みを立てるか。真っ当な検証になるのかどうか。場をつくる力学がまだ見えません。枝野幸男さんは「第三者による事故調査委員会をつくる」と言っていますが。

宮台　二〇〇四年から二〇〇五年にかけて、一時は合理派（再処理否定派）がどうみても勝ちそうだったのに、書類管理問題のようなくだらない話で人事を逆転されたというのは、何が原因なのでしょうか。政治が動いているのでしょうか。

飯田　本当に「奥の院」ですから、見えないですね。ただ、直接な政治というよりは、われわれの感触として持っているのは、やはり東電を中心とする「電力の力」が一番強かったのだと思いますね。電力ムラでは有名な話なのですが、電力が本気になったら経産省の事務次官や局長の首を飛ばすことができると言われています。二〇〇四年のときは、本当に全員飛ばされるのだとびっくりしましたからね。

当時は榎本さんだったかな、東電の原子力ムラの人たちが、六ヶ所再処理工場止めるまじ、というのと、東電企画部のほうも、「俺たちが追い詰められたのに、経産省が止めるだと？」と、電力が総力を挙げた、そう推測しています。

宮台　なるほど。でも、そうすると、なおさらのことですが、東電には今後、役人を動かす力はなくなりますね。

飯田　これからはそうでしょうね。相当ちがうと思います。

宮台　それはいい材料ですね。

飯田　明るい材料です。

イデオロギー対立から離れて

宮台　今回（四月一〇日）の統一地方選挙では、まだ原発の是非が話題になりませんでした。これは残念です。事故と選挙の時期が近すぎたのでしょうか。ドイツやフランスでは事情が違います。ドイツの地方議会選挙では、また緑の党が躍進しましたね。

飯田　一部の州では第二党になりました。

宮台　知識社会としての積み上げがあるおかげで、リアクションが早いですね。日本は何の積み上げもないので、民意の反応が遅い。東京都知事選では当初、原発反対は共産党の小池さんだけ。終盤になって、ようやく東国原さんも渡邊さんも慎重論を訴え始めました。それなのに、意外なほど、原発は争点にならなかった。遠く離れたドイツには今回の事故が影響を与えているのに、あまりにも残念なことです。

飯田　日本人に危機感がない。東電社員にさえ危機意識がない、自分の担当ではないという雰囲気ですね。北海道電力の社長・課長の記者会見では、「東電さんの教訓をバネにして安全性を高めます」と淡々というばかり。今回の事故が東電ではなくて北海道や九州の原発だったら、電気事業体制はまったく揺らいでなかったでしょう。この、受け止め能力の貧しさはなんなのでしょう。

宮台　自然エネルギーに対する認識の低さが、いまの日本における原発論議の特徴だと思います。反原発とか脱原発といったときに、左翼だとかカルトだとか言われてしまうことを、政治家も怖れるし、いまの首長選でも各候補者たちが怖れているのですね。それに引きずられて、自然エネルギー推進を唱えるのも、脱原発と同じで左翼イデオロギーじゃないかという風に怖れられる。政治家たちがそう簡単には口にできない雰囲気があります。

日本で脱原発がイデオロギー色に塗りたくられているのは、これは誰かの作為なのですか？　たとえば電力会社の情報操作の結果であるのか。それとも脱原発の運動が、「一〇〇パーセントの安全／一〇〇パーセントの危険」という、あまり意味のない、本来は相対的であるはずのものの二項図式化に由来しているのか。飯田さんは、どう思われますか。

飯田　電力会社のプロパガンダと脱原発運動の問題の両方が、同時に出てきたのではないでしょうか。

反原発の運動を担ってきた人たちが、高木仁三郎さんが一九七〇年代半ばに創始者として始められてから、ずっと今日までアウトサイダーで、しかも批判的モードだけで行ってきたということもあると思います。

社会のマジョリティからすると、「あの人たちはアウトサイダーだよね」と思われてしまう。アウトサイダーだとエキセントリックのほうが目立ちます。高木さんご自身はエキセントリックではないですが、その外側にいるエキセントリックな運動は目立ちます。「結局、反原発ってエキセントリックじゃん」「アウトサイダーじゃん」とみえてしまう。

電力会社は莫大な予算をつかい、「でんこちゃん」のようなマンガのキャラクターを使って、雑誌やテレビなどのあらゆる手段で、ソフトな声で「原発はクリーンだ」と宣伝する。「こんなに東電がクリーンだと言っているのを、エキセントリックに反対する人たちって、何？」というのが、大多数の大衆からみた構図なのではないでしょうか。

自然エネルギーはイデオロギー色をかなり脱色してこれたと思っています。実際に私自身が、九八年から福島瑞穂さんたちと自然エネルギー促進法の運動を立ち上げたときの戦略のひとつは、「イデオロギー色を塗り替える」でした。

当時、自然エネルギーは、政治のなかで「反原発」「左翼」「環境派」というトリプルマイノリティ。これでは、どんな法案も通るわけがない。そこで自然エネルギーは、「経済」「イデオロギー・フリー」「脱原発フリー」というレッテル貼りかえをして、自然エネルギー促進運動を立ち上げました。それが最初の、一番重要な戦略だった。

たとえば、こうです。右翼にたいしては、「美しい日本を愛するなら、自然エネルギーを応援しなくてはいけない」、と訴えた。だから、議員連盟の会長さんはクリーンなタカ派の愛知和男さん、事務局長には公明党の加藤修一さんにお願いしました。

「自然エネルギーは環境派」という見方にたいして、「いや、自然エネルギーというのは地域経済に一番いいんだよ」「日本の太陽光発電の技術は世界トップじゃないですか」と、経済を前面に出す。そして原子力推進・批判の声を封じることで原子力の立場を問わない運動にした。
それで二五七名の超党派の議員連盟に拡大し、あと一歩で自然エネルギー促進法が成立するところまでたどり着いたのですが、経産省と電力会社のブロックに阻まれてしまいました。

東アジアのエネルギー政策

宮台　韓国にもたくさん原発がありますよね。自然エネルギーへの舵切りは、まだないのでしょうか。

飯田　韓国は不思議なんです。私が自然エネルギー促進法案の運動を立ち上げた二〇〇〇年ごろ、固定価格買い取り制度（フィード・イン・タリフ）とか固定枠制（RPS）の議論を活発におこなっていたのは、東アジアではほとんど私一人でした。だから、私は韓国や中国によく呼ばれました。行ってびっくりしたのは、彼らはわれわれのホームページを全部翻訳している。
韓国ではわれわれと論議してきたソウル大学の先生たちがエネルギー持続発展大統領委員会の委員になって、盧武鉉《ノムヒョン》時代に固定価格制を導入したのですが、あまり成功していません。

一昨年でしたか、われわれ環境エネルギー政策研究所（ＩＳＥＰ）は、韓国政府の調査団と民間ＮＧＯから立て続けに訪問をうけて、「ＲＰＳはどうですか」と質問されました。「ＲＰＳは絶対ダメです」と話したのですが、結局彼らは固定価格制からＲＰＳに戻してしまった。

非常に不思議な状況が韓国で起きています。

原子力推進か廃止かという議論も熱心にしていました。そこにも私は呼ばれましたが、現大統領のもとでは開発一辺倒。もともと、日本の経産省と韓国のエネルギー官僚は仲がいいのです。日本がＡＰＥＣという枠組みをもっているからです。

日本は原子力産業をアジアに輸出しようとしていて、いまやベトナムが第二植民地になろうとしていますが、その前はインドネシアでした。ちなみにインドネシアに行くと日本車ばかり走っていて驚きます。

私が学生だったころからアジアへの原発輸出の野望はありました。関西電力の子会社ニュージェックがインドネシアに参入していましたし、京都大学の原子核工学科にも他の大学の原子力研究所にもインドネシアからの留学生がたくさん来ていました。不思議とインドネシアだけです。

おそらく、中国など、インドネシア以外はアメリカの縄張りで、インドネシアのみは日本の前線という密約が、日米の原子力産業界でまちがいなく交わされていたのだと思います。

いまは米ウェスチングハウスが東芝の傘下に入りましたから図式が変わっていて、日本がUAEやベトナムに売り込んだりしています。原発ルネッサンスへの期待盛り上がりが一瞬ありましたが、今回の震災も影響しておそらくどれも実現しないでしょう。

韓国は、UAE（アラブ首長国連邦）で計画されている原発の競争入札で、フランスのアリバやロシア、日本の東芝を相手に大幅ディスカウントをして、二〇〇九年に落札しました。それで日本の経産省の原発推進派「青年将校」たちは「韓国ごときに負けた」と歪んだナショナリズムを噴出させました。日本の原子力技術は進んでいると経産省は自負していたのですが、原発稼働率では日本が事故とトラブル続きで六〇パーセントなのにたいして、韓国が九〇パーセントだったことが決め手となりました。しかし、実際にはUAEでの原発建設は完全にトラブルに嵌《はま》ってストップしています。このままでは、おそらく頓挫するでしょう。

一方で固定価格制度がアジアのブームになっています。タイはいち早く導入して、最近では三菱商事が世界最大の太陽光発電プロジェクトをタイではじめると報道されました。

タイの農村部ではタクシン元首相の写真が国王と並んで壁に掛けられています。太陽光発電を儲かる形で導入させてくれたので、農民が拝んでいるわけです。マレーシア、台湾、フィリピンでも固定価格制度を導入しています。

インドネシアで二〇一〇年の暮れに自然エネルギーのシンポジウムが開かれ、私も呼ばれました。そこにマレーシアやタイからもパネラーがきていて、彼らはすでに固定価格制度政策を実践しているので、進んだ議論をする。「日本はまだＲＰＳで大失敗しているところです」というと、愕然とされる。一〇年前はまるで政策を知らなかったアジアの人たちが、すでにはるかに進んでいる。彼らのほうが「知識による政策」という文化がはるかに根づいているのです。

インドネシアのワークショップでは、英語でのフリーディスカッションが行われていました。いわば古代市民社会におけるアゴラ（討議場）的な「知のオープンフォーラム」がそこにはあった。日本のエネルギー政策審議会ではいまだに舞台裏で役人が筋書きをつくって、役人の振り付け通りに振る舞ってくれる大御所学者が落とし所を決めるという、江戸時代のような意思決定文化が演じられています。それに対して、韓国でも東南アジアでも、エネルギー政策を論じる知的に開かれた空間が出来つつあります。

メディアの責任

宮台　3・11以後のマスメディアの変質や知識層の変質について、ほかならぬマスメディアからたずねられることが多いのですが、マスメディアに限って言えば、単なるエコノミストやあるいは企業の投資部門で働いていた程度の人間が、日本の将来の経済についても発言するだけでなく、仕事の仕方から生活の仕方に至るまで自己啓発的な発言をしてきました。こういうデタラメな使い回しをしていた責任は大きいでしょう。

僕の言葉で言えば、マスメディアこそが「経済回って社会回らず」といった状態を放置してきたんです。僕ら年長世代には、そうした馬鹿マスコミを放置してきてしまった責任があります。

飯田　そういう意味では、間違いをなかなか認めない人が多いなか、勝間和代さんがREAL-JAPANのサイトに掲載された謝罪文（『原発事故に関する宣伝責任へのお詫びと東京電力及び国への公開提案の開示』四月一五日）は立派でした。

宮台　私は知らなすぎましたという文章ですね。それにしても、知らないで今までやってこられたこと自体が驚くべきことです。幸福度の話でいえば、飯田さんも前におっしゃっていたように、エネルギーの使用水準とか、ものを買ったり売ったりするという意味での市場主義的な経済規模が今より減っても、幸福度が上がるとか、生活の便益や利便性を下げないで社会生活を営む可能性はあるのだ、という分析や認知がほとんどされてない。

幸せになるということは経済が豊かになることだみたいな話ばかりです。スポンサーシップによって、そうした話ができないような制約はあったのかもしれませんが、それ以前に、幸福や尊厳についての思考停止というべきものがあったと思います。

どのみち、経済は今の規模では回らなくなります。経済が回らなくなれば不幸になるならば、僕らにはもはや未来はありません。

ところが、実際にはそんなことはありません。市場経済の規模が縮小したとしても、便益も、幸福度さえも実際には上げられます。そのためには、今までの自明性の地平を掘り崩して現在の自明性を前提とした単なる個人のライフスタイルの選択ではなく、自明性を支えるソーシャルスタイル全体を変えるということについて合意形成をしていく必要があります。

そうした努力は、日本人にとってははじめての政治生活になります。簡単ではないと思いますが、それができないと、僕らの未来にはほとんど光がささなくなってしまいます。そういう風にならなければ未来が開けないのだということを、どれだけ認識させられるかということではないでしょうか？

飯田　私も日本総研にいましたが、コンサルタントの研究者のレベルは実はたいしたことない場合が多いじゃないですか。それが、日本総研とか三菱総研とか野村総研とか肩書がついた瞬間にメディアに愛用されるんですよね。これは不思議な現象で、まったくその資格があるかどうか明らかにされていないのに、そういった肩書がつくだけでメディアに堂々と登場できてしまう。

宮台　先ほどもおっしゃっていたように、自民党本部では日本総研だと先生扱いで、環境ＮＧＯだとはねられる。ジーパンだとだめで、背広とネクタイを締めれば良い。メディア側でも同じようなところがあって、肩書とか名刺とかで判断されます。僕も都立大学・助教授だったから、女子高生専門家「として」メディアに出られたんです。

飯田　テレビ、新聞、日経経済教室とか、どんなにいい加減な文章でも日本総研だと書ける。けれども、環境ＮＧＯでは書けない。今は違うかもしれませんが。

宮台　文脈や形式ばかりにこだわって、中身のある議論ができないわけですね。そういったコミュニケーションに関わる〈悪い心の習慣〉があります。それではまともな政治生活は成り立ちません。合理性や妥当性について議論できず、文脈や形式に言及してはしごをはずすだけなのですからね。

ひとつには、自意識の恒常性維持ですね。コミュニケーションの中で自分のアイデンティティが攪乱されないための2ちゃん的な作法です。

それと関係して、陣営帰属したうえで、誹謗中傷する。陣営帰属というのは、簡単に言えばレッテル貼りで、実質についてはいっさい議論しないパターンの一つです。しょせん助教だぜ、というのが典型で、中身についての議論が一切ない。

実質について議論しない理由のひとつは、日本には「失敗の研究」が不在だからです。何が戦略的に有効だったか、戦術的に間違いだったのかという議論がなされずに、自分自身のおかれている社会的な場面に応じて、今なら「立ち位置系」と呼ばれたりしますが、原子力ムラなら原子力ムラ内の人間関係だけを忖度《そんたく》したコミュニケーションをするんですね。実は、こうした〈悪い共同体〉における〈悪い心の習慣〉こそが、敗戦の原因だったわけです。

それはメディアでも同じです。結局、前例踏襲で、野村総研とか三菱総研というような肩書のついている人だけがしゃべる機会を与えられる。けれども、そうではない人、たとえばNPO代表というような肩書ですと、こんな肩書で政府の立場に堂々と異をとなえるようなメッセージを出すのはいかがなものなのか、となるのです。内容的に正しい、間違っているという話ではなく、異和感があるということで排除されるんですね。

以前から、東電支配とかあるいは電通のトヨタ局（東電局）によるメディア支配というのが言われていますが、実際には半分は支配というよりも、自明性の惰性からくる空気と、それにもとづく自粛の支配だと思います。テレビやラジオで東電の批判をすると、プロデューサーやディレクターの顔が凍るのは、習慣性の恐怖、不安でしょう。本当に素朴なことです。「営業から怒鳴り込みが来るかもしれないのでここはヤバイな」と計算してふるまっているとも思えない。ある種のルーティン化した刷り込みがあるのでしょう。

しかし、それは多分僕らの周辺には良くあることなんです。アカデミズムにもあるし、行政官僚のなかにもある。「空気の支配」と言われていることの一部は多分それでしょう。裸の王様の話とよく似ていて、実際にはマスメディアで東電を批判しても何もないかもしれない。現実に何かあってから対応しても構わないはずなんですがね。

実際にメディアが空気による縛りを破って、「こんなすごい人がいます」とやりだせば、受け手はついていって、その方が支持されて、長期的にみれば商業的にもずっと得をする可能性があるだろうと思います。

飯田　ええ、その辺は各メディアも心得ていて、先日、「朝まで生テレビ」や、読売テレビの「ウェークアップ」に呼ばれて出演してきた感触では、電力の独占の弊害、電力と国や政治との癒着、そして発送電分離などが、地上波で普通に語られる環境になりましたね。

　しかも、日本原子力技術協会最高顧問の石川迪夫《みちお》氏をのぞけば、残り全員の議論の前提が、原発フェードアウトになっていました。元経産エネ庁課長の自民党齋藤健氏も「現実論から原発はフェードアウト」、宮城県の自民党小野寺五典氏は「原子力はこりごり。一刻も早くフェードアウト」。

　さらに石川迪夫氏も、やはり「東電ロードマップ」がまったく根拠のない願望に過ぎないものであり、出口が見えないということでは私と意見が一致した。それを、視聴者の目の前で与野党の幹部政治家に示せたことは大きい。原発・エネルギー政策はすでに変わりつつあると思います。

6章——自然エネルギーと「共同体自治」

官僚はあやまたず

宮台　共同体自治とは、自治体への権限委譲ではありません。日本ではそこが誤解されやすいのですね。一九七〇年ごろまでの地方自治体モデルではダメで、僕の言い方で言えば「任せる政治」から「引き受ける政治」ということになります。国家公務員であれ地方公務員であれ行政官僚に依存せず、国民が政治家を通じて行政官僚を使う自治のシステムに変わる必要があるということです。

基本的に行政はルーティーンが基本なので、政治家が促さない限りは、知的に深みがあるような営みは難しいです。行政官僚にとっての関心事は人事と予算です。人事と予算に関係がないことには動機づけられません。だから、政治家が、知的に深みがある営みをするかどうかを人事と予算の条件にする枠組みを走らせない限り、行政官僚は知的には動きません。

一般的には、共同体自治の成功如何《いかん》は、規模によって左右されます。具体的に申しますと、規模が大きくなればなるほど、統治に関係するパラメーターが増えるので、そのぶん行政官僚制に依存してしまう度合いが増えざるを得なくなります。規模が小さければ行政官僚がやっていることを政治家も村民も市民もある程度見渡すことができます。だから、行政官僚がやっていることが不合理だったら不合理だといえるわけです。あまりにも決定のレイヤーが重なって複雑になっていると、上のほうのレイヤーの決定が合理的か不合理かというのが下からは見えなくなります。それはやはりまずいのです。

たとえば、食の共同体自治の話でも同じです。顔が見えるからこそ働くインセンティブやモチベーションが、必ずあります。エネルギーの共同体自治も同じです。自治の単位が小さければ、どういう風にエネルギーをつくると自分たちは幸せになるのかということに関心を集中させた議論ができるようになります。

僕らが大規模なシステムにぶら下がっていれば、依存しようと思わなくても、システムは誰がどうまわしているか分からなくなるから、トータルには依存的になるわけです。分かるものに頼っているのか、分からないものに頼っているのかというのは、やっぱり大きな違いです。技術の体系もそうだし、行政官僚制の体系もそうです。

飯田　菅さんの失敗は、それが分かる人をちゃんと配置すればいいのに、それを配置しなかったこと。だから、いつまでたってもやみくもに動いてしまう。

宮台　間違った政治主導です。

飯田　やはり内閣官房副長官補室が肝心です。国家戦略室を自ら使えず補室の好きなようにやらせてしまっている。結局、もう火消しできないほどに逆走してしまったので、今から では巻き戻すのは難しい。仙谷由人さんたちも完全にのっかってしまっていますからね。最初の頃なら出来たのでしょうが……。

今の話で言うと、東京都と福島県の例は話しておきたいと思います。東京都の場合は実名を挙げてよいのかわかりませんが……。

宮台 ここはあえて空気を読まずにゆきましょう。

飯田 東京都は大野輝之環境局長、福島県の場合は佐藤栄佐久前知事の、この二人の個人的なキャラクターによって、一時的にではあるけれども、ヨーロッパ的な知識蓄積的なことが可能であったわけです。

福島は『知事抹殺 つくられた福島県汚職事件』(平凡社)に佐藤さんが書かれたような事情で、佐藤前知事が去られたあと、どんどん風化が進んでいます。東京都は大野さんは健在ですが、極めて属人的で、システムとして担保されているものではありません。大野さんがいなくなったあとの環境政策は少し不透明です。

しかし、お二人のキャラクターによるところが大であったとしても、可能であったことは特筆すべきものです。今度はそれをシステムとして可能にしなければならない。とにかくどちらも特徴的なのは、人を固定して、その専門性を尊重した積み重ねを実行していたということです。

佐藤前知事のころ、福島県は担当者を異動させないで続けて担当させていました。だから福島県の原子力政策は専門性が高く揺るがなかった。いまその人たちは全部いなくなってしまいました。

同時に福島県では佐藤前知事が、末端に至るまできちんとガバナンスを機能させていた。例えば「経産省の人間とは絶対に話をするな、一番末端の係員程度でも言葉を交わしただけで言質をとられて裏をかかれるから、やっちゃいかんぞ」ということまで、ビシっと統一するわけです。

私が初めて福島県の「エネルギー政策検討会」に呼ばれたときには「Jヴィレッジを誘致した、東電とズブズブの知事かな」と警戒しながら県庁にいったわけです。

よくある地方自治体の会議は、知事どころか局長、部長も最初の挨拶だけ来て、「このあと部長は所用があります」と席をたって、後は委員だけ残されて、横にいるコンサルの作った筋書きの通り淡々と会議を回すという、ほとんど中身のない審議会が、国の二重写しのような状態でした。

ところが、福島県は佐藤前知事以下各局長、県警本部長まできていたのではないでしょうか。県の組織トップが全員参加して、副知事ももちろん、形式論だけでなく自分の頭で考え、受け止めて質問する。しかも知事が全て仕切るわけです。私だけでなく、毎回、推進的な人と批判的な人の意見を交互に聞いていったわけです。知事が自ら討論に参加して「私はこういうことが疑問なんですけど、どう思われますか」と議論する。一人ひとり、県警本部長までエネルギーについて自らの考えで話ができる。紙に台本が書かれている、のではなくて、自分の言葉で質問し、受け答えをする。知事以下局長級とも、日本の地方自治体で生身の受け答えをトップクラスの人とした、これは私の最初で、今のところ最後の経験でした。佐藤前知事は、「充て職」とか「役職」ではなく、中身のある議論をさせるという文化を徹底されていた。

宮台　東京都の場合はいかがでしたか。

飯田　東京都も「いかにその政策を実現させるか」ということに大野局長が取り組み、若い人も育てている。日本でも可能だという実例です。しかしこれらは、先にも述べたようにお二人の個人的スーパーキャラクターによってのみ可能であった。

中身と政治的見方と実現する動き方、その三つがそろった稀有な例です。日本型システムにのっかっては絶対にできないような政策及び政治空間を作り上げた。

佐藤前知事の場合は知事でしたから、人事を動かして環境をつくれる政治的な権限がありますね。大野さんの場合は人事を動かすポジションではない、にもかかわらずこの一〇年間で作り上げてこられた。それは大野さんのたくみな組織掌握術といえるでしょう。

政治主導の可能性

宮台　では、なぜ日本の行政官僚制は専門知の合理性に結びつかないのかということですが、以前から指摘されてきたように、ラインとスタッフの区別をしてラインばかり重視するという組織慣行があります。つまり、ゼネラリストを養成するために二年に一度は配置転換をして、全てを浅く経験した上で昇進して、課長になり、局長になるというキャリア形成のシステムがある。

自民党も民主党も、人事制度の改革を腹案という形では持っています。自民党で言えば林芳正氏が提案をしてきている。しかし、今の霞が関官僚にその提案を呑ませるのは難しく、政権交代がないと無理とは言われていたのです。ところが、政権交代があったので何とかなるかと思ったら、何もできなかったということですよね。

政権交代することが分かった時点で政権移行チームをつくり、官僚の手練手管を熟知した人たちをかき集めて、先手を打つ形で、官僚たちのやりたい放題を抑止して、各省庁設置法を変え、国家公務員法を変え、国会法を変え、最終的には政治主導を確立させていく方向に持っていく必要があった。けれど、初動からすべてしくじったので、残念ながら何も変えられていないのですね。

政権交代をしたときの鳩山さんは七割の支持率があり、CO_2の二五パーセント削減目標がひとつの国民的な祝祭になり、国民も世界にほめられるのは何となく嬉しいという初めての経験をして、これは新しい政治的な自意識を持つチャンスになったかと思いましたが、普天間でしくじり、ドミノ倒しのようにコケたわけです。

政権交代ではまだだめで、憲法が変わるときのように、何か大きな変化が国民によって意図されているという認識をみんなが共有できないと、行政官僚制のフォーマットは変えられないんですね。霞が関で行政官僚制を変えるというのはそれくらいの大事《おおごと》です。

飯田　あまりにも準備がたりなかったですね。誰を大臣に任命するかとか、局長級ならクビにするのかクビにしないのかとか、そこらへんをあらかじめ決めておくべきでしたね。いまとなってはもう化けの皮がはがれているけれども、民主党はもともと電力総連と電機連合の力がとても強く、それが猫を被っていたわけですよね。猫を被らせていたのが、岡田（克也）——福山（哲朗）ラインのCO_2二五パーセント削減というマニフェストで、あのころの民主党の「岩盤の人たち」は黙りこくっていておとなしかったし、政権交代の日から経産省の政務三役に旧民社党系列のあのお友達が指名されるまでの二週間は、経産省が静まり返っていましたからね。本当に「俺たちの時代は終わった」というような顔をしていた。

あの経産大臣任命、政務三役任命からすべてが変わっていった。完全に自民党型の論理で、論功行賞と当選回数など裏のさまざまな混沌としたなかで出てきた。

最初に例えば、福山気候変動大臣とか岡田経産大臣とかにしていれば、もうすこし長持ちしていたでしょう。ただ、それだけではおそらくだめです。長妻昭さんをみていれば分かりますが、大臣だけではいけない。大臣が電卓をたたいていても意味がない。大臣を支えるサポートチームが大事。

秘書官に官僚を使っていてはいけません。一〇人くらい、自分が信頼できる腹心を抱えて、そこから官僚を使うところまで青写真を書いて移ればよかった。ノーガード戦法でしたからね。

宮台　そもそも、電力総連、電機連合に依存している民主党は、旧民社党系、つまり同盟系から経産大臣を出してきています。電力総連としては、なんとしても死守しなければいけないポイントが電力の雇用なのでしょう。だから、民主党政権が成立した当初からそもそも、よほどの国民意識の流れがない限り、原発政策は変えられないところだったのではないか。

飯田　政権をとってからの二週間はすさまじいバトルがあったと思うんですけど、その前にマニフェストを作った段階で確定事項を定め、政権交替したときの体制はこれなんだというものを見せておけば、さすがに同盟系も一年くらいはおさえられたのではないか。その間に、古い体制を相当骨抜きにできて、今とは違ったのではないか。

宮台　今とは違った状況になっていたかもしれませんね。

飯田　民主党は、大臣任命で失敗し、政治主導のチームアップができなかった。

岡田克也本部長、福山事務局長で地球温暖化防止マニフェストをつくったのであれば、最低限、福山さんを地球温暖化担当大臣に任命すべきでした。そうでないと、当選回数にもとづいた従来の自民党型、年功序列で論功行賞の大臣任命になってしまう。

世界は知識社会に向かっているので、大臣にも政策の本質とディテールを理解する能力がなくてはなりません。行政官僚たちが積み上げているものの良し悪し、ウソと本物を見分けることができなくてはいけない。

行政官僚制を使いこなすための腹心でタスクチームをつくらなければいけないのに、温暖化対策のタスクチームは、各省庁から一人ずつ入れる、という行政官僚制の上にのった配置になってしまった。

タスクチームの事務局が、自民党時代からの内閣官房副長官補室が占めていた。

宮台　それでは行政官僚制の各省庁間のパワーバランスを変えようがない。

飯田　事務局の中核は経産省から来たスタッフで、その名前を言ったら「まだいるのか。あいつは反京都議定書派だ」と論評していた民主党の閣僚経験者もいましたね。

宮台　民主党政権の失敗は、行政官僚制の伏魔殿の隠れていた部分を少しずつ露《あらわ》にしたプロセスだったのかもしれません。

いまそこにある有効策

宮台　原発の合理性の話としてはウランの埋蔵量もそれほどないといわれていますよね。

飯田　そこは不確定要因で、幅があります。なにしろ解体核兵器からウランを取って使えばいいという人もいて、そうするとけっこう持つかもしれない。

一方でウランは鉱物なので、採掘するときは濃度の濃いところから掘り始めて濃度の薄い箇所に移っていく。濃度の薄いウランを精製するには、エネルギーが必要ですから、収支が割に合わなくなります。オーストラリアやカナダの良質なウラン鉱山が尽きていくのは、遠い未来ではありません。

宮台　いずれにせよ、原子力発電は過渡的なエネルギーでしかないわけですね。にもかかわらず経産省には長期的なビジョンがない。過渡的でしかないものにCO_2問題の解決案としてすべてを投資してしまうのは馬鹿げています。ポートフォリオ化して分散し、効率的組み合わせを考えるのが当たり前だと思うのですが。

飯田　そこで高速増殖炉というフィクションが登場するんです。諸外国は諦めているのに、日本だけは目覚めていない。

宮台　なるほど。

飯田　高速増殖炉というのは二〇五〇年に実証炉が一基できるかどうか、という話をしているわけです。いまや自然エネルギーは二〇五〇年にすべて供給できるというビジョンがあるのに。困ったものです。既存の原子力発電も急速に減っていきます。対案がどうこうという以前に、まず現実を見ろよ、と申し上げたい。

宮台　ＴＢＳテレビの「報道特集」で、スウェーデンの例が紹介されていました。各家庭にスマートメーターという電気メーターが付いていて、電気料金の請求書にはグラフが同封される。各時間ごとの電力使用量と、ピークを避けるための時間別電気料金体系が掲載されて、前年同月との比較もできる。それを見ながら、家族や町工場の人たちが自分たちの生活や活動をどうしようかと相談している様子が描かれていました。

ことほどさように、エネルギー自治は、エネルギーだけではなく、どういうライフスタイルにしようかと考えるコミットメントに繋がるわけです。それに対して、日本は「水は蛇口をひねれば出る」と同じようにエネルギーについても考えていて、「自分で使い方をコントロールしなければ幸せの度合いが上がらない」という感覚がないのです。

その番組では、風力や太陽光は発電量が変動しますが、生活意識の変化や社会のスマートグリッド（次世代送電網）化、自動車の世界で広がったリチウムイオン電池のローコスト化による蓄電技術の発達。そうしたものが組み合わされれば問題視されていたものがそうではなくなる、という議論が有力だと紹介されていました。

ああした生活が紹介されると、電力会社から電力を買わずに自然エネルギーで生活するというイメージを具体的に展開できると思います。

今の生活スタイルを維持したまま「電気を意識しなくてはいけない」とか「自分でコントロールしなければ幸せ度が上がらない」となると、単に面倒くさいだけになってしまいます。そこはかなり注意して、価値とかスタイルとセットで言わないといけない。「生活をいちいち反省しなくてもいいから、原発でいい」。システムに依存するというのは、そういうことなんです。何も考えなくてもいい。高さ一〇メートルの堤防を作ったから津波のことを何も考えなくてもいいというのと同じです。

飯田　マスメディアはスマートグリッドに飛びついてしまいますが、それ以前に、いますぐ導入できる有効策がたくさんあります。スマートグリッドで全部解決できると考えると、逆にスマートグリッドが導入できなければ何も始められない、という論理になってしまうので注意が必要です。

太陽光や風力発電導入によってもたらされる変動を、電力会社が全体の出力調整で対応できることを認めさえすれば、自然エネルギーはすぐに一〇倍導入可能になります。彼らは「系統に影響がある」と実質的にウソをついて封じ込めてきた。スマートグリッドという口実で今日明日にできることが放置されてしまっている。

経産省からすれば、スマートグリッドといえばNEDO（新エネルギー・産業技術開発機構）への研究開発予算をいくらでも取れる。そのほとんどが役に立たない研究開発で、税金を浪費している。もっと慎重に見極めなければいけないのに、不勉強な人は、原発反対派でもスマートグリッドや電力自由化ですべてが解決されると過大な期待をしてしまう。

宮台　自動車の蓄電池を活用する可能性が大事なのでしょうか。

飯田　それも一〇年かかりますね。それより早いのは蓄電池付きの冷蔵庫やテレビかもしれません。計画停電になって冷蔵庫が止まり、みんなが困った。だから蓄電池付き冷蔵庫の発売がすぐに決まりました。技術的には簡単です。

もっと重要なことは、まずは社会の仕組みを変えて、いまの設備でどこまでできるか考え尽くすことです。

たとえば、風力発電のポテンシャルは、北海道と北東北に一番あるのです。北海道と本州は「北本連系線」という、直流で六〇万キロワットの送電線で繋がれている。作られた目的は、北海道で原発などの大規模発電所が止まったときの緊急対応で、平時はほとんど使われていない。例えば、高速道路をつくりながら救急車が通れるように本線が空けてある、という状況です。無駄な社会資本投資の見本です。

たとえば、北海道に風力発電をたくさんつくり、平時は送電線の六〇万キロワット全部を使って本州に送電する。北海道の緊急時には送電をストップすればいい。そういう社会的な市場技術をまったく駆使していない。

ヨーロッパであれば送配電を分離しているので、例えばスウェーデンにある小さな町ベクショーの電力会社も、本社の二階に上がればトレーダールームです。電力自由化というのは電力会社からすると物理的に電気を供給する仕事と金融市場としての電力市場に対応する仕事のふたつの顔がある。それが知識社会としての進歩です。

実際の彼らはもっとすごい。地域暖房をやっているのですが、その燃料はバイオマスの木屑です。バイオマスの木屑から電気と熱が生まれる。しかも、その電気をヒートポンプに充てれば、熱を生み出すことができる。あるいは、電力市場で直接売ることもできる。

電気はリアルタイムのスポット市場と、金融価格による将来市場の、二重の売り方もできる。電気はヒートポンプを使えば熱にして売ることもできる。固定枠制（RPS）なので、グリーン証書も売れる。

宮台　それは、すごいですね。

飯田　熱需要は気温などの変化で時々刻々と変わる。電力市場もヨーロッパ全体で時々刻々と変わる。それを、田舎の電力会社が利益を最大化するためにトレーダールームで考えている。政策と知識の相互的な深化が、北欧では九〇年ぐらいから起きているというのは、そういうことです。

日本では、経産省が「原発を二〇基新設する」と主張し、原発を批判する市民側は「許さない！　断固反対！」と叫ぶ。原子力円卓会議二〇一〇の議論のなかで、ある研究者が「極右と極左のシャドーボクシング」と呼んだ擬似対立が続いてきて、中身を埋める知識がまったく育たなかった。

宮台　市場のインセンティブを使うというのは、そういうふうに自らの利害を自分たちで絶えず数式的に計算する習慣を身につけることでもあるわけですね。

飯田　ですから、政治家も市場を勉強してエネルギー政策を更新する必要があります。北欧の実像を目の当たりにしたあと、日本の国会を見ると頭が痛くなります。

孫正義さんの自然エネルギー財団は、これから日本のエネルギー政策に大きな影響を与えるでしょう。かつての通信の世界といまの電力の世界とは、独占のあり方がまったく一緒です。孫さんであれば闘い方を心得ている。

ソフトバンクは基地局の数でいえばａｕやドコモより多いそうです。でも、なかなか繋がりにくいのは、電波が遠くへ届く八〇〇メガヘルツのＵＨＦ帯域がドコモとａｕに充てられていて、ソフトバンクは二ギガの帯域しかもらっていない。だから電波の指向性のハンディがある。

電電公社と第二電電という二つの国策会社のあいだに、純粋な民間企業が割り込んで嫌がらせされている、という昔ながらの構図がそのまま温存されているのです。

「国民の浄財で行うものだから、儲けてはいけない」

宮台　３・11後に放送された、先ほど紹介したＴＢＳ「報道特集」ではこういう流れで説明していました。番組の冒頭で明らかにされるのは、太陽光発電のパネルをどこが買っているかを調べると、ヨーロッパでは家庭用・私企業用・自治体用が「１：１：１」の比率だった。いま日本では太陽光発電システムのほとんどは家庭用になっている。それはなぜか、インタビューを重ねていきます。

そこで明らかになるのは、全種全量買い取り制である固定価格制度（フィード・イン・タリフ）を導入していれば、たとえば私企業が太陽光や風力の発電システムに切り替えた場合、買い取り価格をベースに減価償却を計算して、何年で元がとれるかわかります。でも、ＲＰＳのような方式だと、余剰分しか買い取ってもらえないから発電システムを導入した場合の計算可能性が阻害されるのです。

固定価格制度が始まれば、私企業はコスト計算をして、電力会社から電気を買うのをやめて、「発電塔を建てよう」「パネルをつけよう」と決断ができる。番組はそういう流れをとても説得的に説明していました。単に家庭が「全種全量買い取ってもらえるとラク」「補助金がついてラクだよね」という話に終わらず、企業の計算可能性にちゃんと言及していた。資本主義の本質は、投資可能性あるいは投資家への説明可能性だから、これは重要な論点です。

よく飯田さんがおっしゃる「市場メカニズムをつかってエネルギー革命を前に進める」というのは、事実上、税制を含めたルールのパッケージを市場に組み込むわけですが、その目的は市場が従来と違った形で機能するための新しい計算可能性を与えることです。計算可能性を前提にして、人びとが合理的な選択や決定をしていくよう促される方向にしよということです。
日本にはそこがない。市場を前提にして、計算可能性を利用しながら何か政策を進めようとするマインドにならない。それは、一体なぜでしょうか。

飯田　二〇一〇年の暮れに論文を書きました。ヨーロッパやアメリカではエコロジー的近代化に繋がる「市場プル」という政策革命が九〇年代に起きました。市場プルとは利用者自身に自分たちの求めるテクノロジーを市場に引き込ませるというやり方です。それなのに、日本ではお上が管理して恵んでくれる補助金と、お上の縄張りである研究開発という、お金を供給する側の目線でしかなく、「市場」という発想がない。

二〇一〇年、日本で固定価格制度に関する議論の途中、自然エネルギー事業者たちはロビイングをかねて経産省の役人と交渉したわけですが、ある事業者の業界団体が経産省と「IRR（内部収益率）が八パーセントになるような価格に」と訴えて交渉したら、「固定価格制度は国民の浄財をつかって行うものなので、企業は儲けてはいけない」と、IRRはマイナスになるよう指導したそうです。事業者が衝撃を受けて帰ってきました。

買い取り価格が決められたら割増料金が国民の電気料金に加算され、経営リスクがゼロになる、というのが経産省の論理です。実際はさまざまな不確実性があるので、事業リスクはあるわけです。たしかに、価格という最大のリスクが緩和されるわけですが、経済官僚が「市場とは何か」を理解していない。

宮台　固定価格の制度も、経産省にいる行政官僚の杜撰《ずさん》な思考も、かなり丁寧に説明しないと国民に納得させることができないですね。たとえば「朝まで生テレビ」のような番組では、「あなたの話はよく分からない」「五秒で説明してくれ」と、よく言われる。そういう要求がテレビやマスコミにあるなかで、エネルギー政策の合理性に関する議論を直進させるためには、どういう仕掛けが必要なのでしょうか。ＮＨＫスペシャルが五夜連続で「自然エネルギーが生み出す未来」を放映すれば、かなり説明できますが、単発ではむずかしいと思います。

飯田　実は最近、ＮＨＫで話をしてくれと言われて行ったら、勉強会に五〇人ぐらいの聴衆が来ていて、一時間ぐらいですが、今回のような深い話をしてきました。いま、孫正義さんが自然エネルギー財団を立ち上げようとされているわけですが、そうしたことも、紹介するインセンティブになるかもしれません。

宮台　大前研一さんが脱原発になったのも、イデオロギーではなく、合理性の乏しさが理由でした。なので、合理性の問題を国民に丁寧に説明することを目的として、ＮＨＫも番組を作ることができると思う。イデオロギーよりも合理性のほうが説明の手順が必要で、丁寧に番組を作らないと視聴者は分からない。

飯田　原子力発電が消えていくのも、まさに合理性です。

東京都の環境エネルギー政策

飯田　先ほど話しかけた、東京都環境局の成果として有名なのは、過去に遡ると、一九九九年に始めた「ディーゼル車NO作戦」です。私が協力する以前のことでした。あのとき、大野輝之さんはまだ課長で、実質三人しか担当がいなかった。

石原さんが記者会見で粉塵の入ったペットボトルを振ったシーンは強烈でした。それは大野さんの提案とも言われています。石原さん自身もご親族が喘息を患っていて、そういうことも知った上で、石原さんのもともと持っていた素朴な環境主義を引き出した。あれ見たら誰でも怖くなりますよね。政治的パフォーマンスだと言う人もいますが、それをうまく使った。

東京都がディーゼル作戦をぶち上げたときに、全ての省庁が敵に回ることは織り込み済みなわけです。「すごいことになりますよ、大野さん」と係員が言っても、大野さんは「すごいことをやろうとしているのだから、すごいことにならなければだめなんだ」と。さらにぶち上げた瞬間に、経産省、運輸省、建設省から環境省まで反対するわけです。

自動車工業会、石油連盟。それを、力押しにするのではなくて、巧く相手を巻き込む形でひとつひとつつぶしていったわけですよ。

例えば当時の環境省は、阪神高速の排気ガスがひとつの原因として公害を引き起こした西淀川訴訟を抱えていました。東京都は、環境省に対して「ディーゼル車NO作戦を飲まないと、西淀川訴訟は負けますよ」と味方に引き入れた。真っ向から反対していた石油連盟には、係員が石油会社の石油プラントの奥まで行って、技術者に「硫黄の濃度を下げるのって難しいんですか？」と聞いた。技術者は正直ですから「ここをこうすれば簡単に下がるよ。若干歩留まりが悪くなるからコストが上がるかな」と、裏とりをしたうえで、石油は当時安かったので、「安い輸入石油は環境基準で排除できるじゃないの、あんたたちが市場とれるよ。技術的には若干歩留まりが上がるけど市場取れるほうがいいでしょう」と説得したりして、味方に引き込んだわけです。

自動車工業会も、「簡単な触媒でできるでしょ？　しかも新車が売れるよ」と味方につけた。こうして、全部味方になったわけです。

東京だけやっても意味がないという声もありましたが、八都県市にも仕掛けをしておいたから面でも広がっていった。東京都の基準がいまや国交省の基準になっている。それが九〇年代の終わりの武勇伝です。

私が参加したのは二〇〇二年からです。その頃、私はまだ東京都を遠目でしか見ていなかった。「石原さんの環境政策に協力するのか？」と思っていました。それでも、レクチャーに呼ばれたので都庁に行った。そのレクチャーを仕掛けたのが、大野さんです。

そのあと、環境審議会に入ったのですが、表の場というよりは実質・実務的なところでの協力関係といえるかもしれません。環境政策をお金、つまり補助金ではなく、仕組みでやるということを提案しました。

たとえば当時、各企業がどんな地球温暖化対策をしているかについては、省エネ法を盾にとって経産省しかデータを取れなかった。環境省も都道府県もデータが取れなかった。そこで東京都でまず取りかかったのは地球温暖化対策報告書制度を作ってデータを取りはじめることでした。すると立て続けに他の道府県も同じ制度を取り入れるようになった。一五ほどの道府県が制度を取り入れて、はじめ環境省は及び腰でしたが、二〇〇五年に地球温暖化対策法の中で、算定報告制度ができて、環境省もようやくデータが取れるようになった。その頃すでに東京都は次のステップとして、二〇〇五年には提供データを評価して公表する仕組みを取り入れました。それで企業はきちんとやらなければならなくなったわけですが、評価して公表しても温暖化対策は必ずしも進まなかった。それで、二〇〇八年に世界で三番目となるキャップ・アンド・トレード（国内排出量取り引き制度）を導入するわけです。

国の温暖化政策の議論は、今でも支離滅裂で脈絡のない方向に向かっています。しかし、東京都は一直線に着々と歩みを進めていて、世界の環境政策の先端を進んでいるのは東京都かカリフォルニア州かと言われるようになっています。石原さんの政策の中でも、唯一成功しているといえるのが環境政策です。他にも自然エネルギーを二〇二〇年までに二〇パーセントとするというものがあって、あれも私が委員で参加し、重要な提案をいくつかしました。国が一カンマ数パーセントといっているときに二〇二〇年までに二〇パーセントと掲げました。これはEUより二年もはやい、画期的なものです。

しかも「市場プル型」という新しいパラダイムに基づいたものです。今まで日本の新エネルギー政策というのは、地産地消型で自分の足元しか見ない「タコツボ型」です。自然エネルギーがありあまる田舎でも地産地消、自然エネルギーが絶対的に足りない東京などの都会も地産地消というナンセンスなものでした。その一方、日本は九六パーセントのエネルギーを輸入して原子力と化石燃料を使っている。これはおかしいのではないか。

東京はエネルギーが足りないのだから、足元だけをみても仕方がない。むしろ、需要力を使って地方の自然エネルギーを買うことで自分たちの消費エネルギーを二〇パーセント変える、ということで二〇パーセントを掲げたわけですね。

これぞパラダイム転換です。ヨーロッパはみんなそうです。彼らは産み出す側ではなく、使う側で目標値を決める。だから、オランダのように自然エネルギーの発電が少ないところはスウェーデンなどから買えばいい。そういうふうに、主に私が政策やアイデアを提案し、大野さんとその部下の人たちが次々に制度化していくというコラボレーションを過去一〇年間ずっと続けてきた。いまや世界から注目されるようになっています。

もう一つの事例は福島県です。

福島県の最大の成果は、二〇〇二年にまとめたエネルギー政策検討委員会の中間報告書です。これは非常に分かりやすいレポートです。これは今でもウェブでみることができます。この文書は全国民が読んだほうがいいものです。

原子力の問題点から、国のいい加減さ、例えば経産省が計算した原子力のコストの証拠を求めて国から出された数値が白ヌキ（不開示）の資料が添付されていたり、福島県は原発をたくさん作ったのに地域はモノカルチャーで、町長の給与も出なくなっているところがあるという経済構造の問題点についてまで述べられたりしている。佐藤前知事が自らまとめられたものです。シンプルなパンフレットと詳細なレポートの二種類があります。

東京都と福島県はこれまでの日本の環境政策の歴史のなかで金字塔ともいうべき二つの例だというのはそういうわけです。

宮台　そうした成功モデルがあるという事実が認知されていないので、成功モデルの所在をみんなが認識できるようにするということ、どこがそのモデルの成功したキモなのかをはっきり分かるように、構造化して示すという事が大事です。そうすれば模倣できるようになります。

飯田　いまだに六〇〜七〇年代の革新市政、飛鳥田（一雄）さんモデルでは通用しない。政策を知識と経験と実践を積み重ねて作る、しかもヨーロッパやアメリカの世界の先端から知識を学んで、それを地域の中に蓄積させ自ら深化させていくことが大事です。そのためには人が大切です。二年に一回ぐるぐる変わる昔ながらの人事ではそんなことはできるわけがありません。

日本の国はそんなに簡単に変わることはできないかもしれませんが、都道府県や市町村の首長は肝に銘じてほしい。政策作りの人を適所に長期間しっかりとあてて、知識だけではなくネットワークがそこにぶら下がるようにする。それがすごく大事なことです。ネットワークと知識を核になる担当者を中心に積み重ねていく。東京都でいえば、私とかISEPが全面的にサポートしますし、ほかにもたくさんある。海外とも非常に厚いネットワークとコアの人、それが財産です。

7章——すでにはじまっている「実践」

エネルギーの共同体自治

宮台　大多数の国民が原発に関して「もっとちゃんとやれ」と言っているので、電力会社が「もっとうまくやります」と約束する。これで手打ちになってしまう可能性もあります。

　そこで本書のポイントのひとつですが、「もっとちゃんとやれよ」ではなくて、「自分たちでちゃんとやります」と、ヨーロッパがチェルノブイリ後に「食の共同体自治」に加えて「エネルギーの共同体自治」に向かったように、新しい選択肢を僕らが手にしていることをちゃんと意識して、それを選ぼうではないか、と呼びかけたいわけです。

　ところが、その選択肢が多くの人には見えていない。「もっとちゃんとやってくれよ！そのためにカネを払っているし、票を入れているんだ」という結論に収まりそうな気配があるわけです。だからこそ、経産省がトカゲのしっぽ切り的な弥《び》縫《ほう》策をたくらんでくるわけです。

　それでは話になりません、エネルギーの共同体自治についてはヨーロッパでどのような実績があるのか、飯田さんはたくさんご存じなので、「電気は電力会社から買う」という自明性が、ヨーロッパでは実際はどうなっているのか、伺いたいのです。

テレビや雑誌で断片的に紹介されても、「電気を電力会社から買わなくていいの？」と驚くだけで終わってしまう。あまりにも強い驚きだけに、かえって頭に入らない可能性もあります。

その橋渡しの可能性をふくめて、ヨーロッパではどのようにして意識が変わってきたのか、ということと、日本で「電気は電力会社から買う」という自明性で生きてきた人々に、新しい自明性をもってもらうにはどうしたらいいか、飯田さんに伺いたいんです。


飯田　ベースラインが違っているのが日本の不幸です。

先ほども少しお話ししたように、戦前に乱立していた電力会社を第二次大戦下「日本発送電」に統合して、戦後それを松永安左エ門が大きな働きをして民営化したのはいいけれど、今度は民間地域独占という形になってしまった。

アメリカもヨーロッパも、大きな電力会社もあれば地域の小さいエネルギー会社もあるのです。地域の小さいエネルギー会社は消費者と近いので変えやすい。

アメリカだとサクラメント電力公社（ＳＭＵＤ）のケースが有名で、東北大学の長谷川公一先生が詳しく書かれています。私も何度か訪問しましたが、地域の電力の半分を供給していた、老朽化したランチョ・セコ原発を住民投票で閉鎖し、その電力を補うために節電発電所をいっぱいつくって、あとは太陽光発電を住宅の屋根につくる。まさにエネルギー自治をアメリカらしくやっていくわけです。

ヨーロッパでも、たとえばスウェーデンは二八八の自治体に分かれているのですが、電力会社が国内に一〇〇社ほどあります。最大の電力会社がバッテンフォールという、もともと国営だった電力会社で、東京電力と関西電力に、中部電力を合わせたような存在感ですが、残りは地域の小さなエネルギー会社です。

九〇年、サッチャー革命からはじまる電力自由化の衝撃が大陸に伝わってきて、ドイツは国が大きくて事情が複雑ですが、スウェーデンやデンマークは比較的国が小さいこともあって真面目にそれに対応するわけです。

スウェーデンでは九六年の一月一日から発送電分離になり、「明日からどの電力会社からでも買ってもいいですよ」というシステムがはじまりました。ですから、日本でもそれは可能ですし、そんなにむずかしいことではない。

一方で地域の会社は、スウェーデンの特徴ですが、電力会社ではなくてエネルギー会社なんです。地域熱供給地域暖房を地元の会社でやっている。熱供給は電力と違って独占のままです。

私の一番付き合いの深いベクショーという七万人の町には、ベクショーエネルギーという地域の会社があります。市議会議員がエネルギー会社のボードメンバー（取締役会の役員）を担当します。

電力自由化、温暖化対策でのCO_2削減、脱原発、コミュニティでのエネルギー供給という多次元方程式を同時に解こうとした。「ローカルアジェンダ21」を採択して、林業の木屑を使ってバイオマスをはじめ、住民参加で「化石燃料ゼロ宣言」をボトムアップで行い、ベクショーエネルギーはそれに従う、というのがその解でした。

日本では、経産省は電力自由化論議だけ、環境省は地球温暖化論議だけになって分裂してしまいます。スウェーデンの場合は火力発電に炭素税を乗せています。脱原子力が方針ですから、原子力にも炭素税と同じ環境税を乗せています。ですから、このように市場メカニズムを使って自然エネルギーの普及を促している。環境主義と知識によって管理された市場メカニズムを設定しているわけです。

宮台　ドイツの場合はどうなのでしょう。

飯田　ドイツのような大きい国だと、複雑で力のあるポリティクスが機能してきます。国レベル、州レベル、地方自治体レベルの三層構造があって、変化がむずかしい。スウェーデンだと国と基礎自治体の二層で済みますので、シンプルです。経済セクターのロビイングもドイツは活発でスウェーデンだと少ない。

ですから、ドイツは北欧に比べると環境エネルギー革命の開始が一〇年遅れています。北欧諸国やオランダ、オーストリアが脱原発に舵を切ったのが八〇年前後、環境税を導入したのが九〇年前後ですが、ドイツは九〇年代に入って脱原発が始まり、環境税導入が九八年。電力自由化も北欧が先鞭をつけて九〇年代前半ですが、ドイツがはっきりと動きだしたのは二〇〇〇年を越えてからです。

それでも、ドイツは基本的なロジックを踏まえながら政策を変化させていますが、日本はそれすらない。よく私は「北欧に比べると日本は三〇年遅れ」と言いますが、実態はそれ以前の状況。果たして三〇年経って追いつくのか、と考えてしまいます。

宮台　ヨーロッパは地続きですから地理的な近接性がありますよね。もちろん人の行き来もあります。そういうことは大きいのではないでしょうか。島国の日本は、ある自明性のなかに凝り固まっていられますよね。だから、自明性を破る人材が、国内からなかなか現れない。

飯田　それは大きいと思います。ヨーロッパを見ていても、明らかにイギリスは異質です。北欧とドイツはすごく近いので人間の行き来も頻繁です。たとえば北欧の大学で博士論文の審査をすれば、ドイツの研究者がしばしば参加します。知識レベルでのコミュニケーションが深い。南はオーストリアとオランダが環境主義を強めていますし、その実践がドイツに影響を与えている。ドイツが動くと、それを基準にして今度は北欧やオーストリアがさらにその先を目指す。イギリスだけはそこから遠くて異質な社会です。

日本は言語の壁もありますし極東ですから、知の流通がアメリカとも、ましてヨーロッパとも見られない。ごく一部の研究者の交流はありますが、社会全体が変わるような近接性がありませんね。

三つの合意

宮台　日本ではそうした産学協調的な知の交流はむずかしいのでしょうか。地域での国内の実例があれば是非うかがいたいのですが。

飯田　北海道グリーンファンドの鈴木亨さんとは、私がスウェーデンから戻って、二人三脚で色々なことをやりました。鈴木さんと二人でやってきたことだけでも十分一冊の本になるくらいです。泊原発三号機もあと一歩で止まるところまで行ったのです。

スウェーデンでは電力自由化がはじまって二〇〇六年一月一日から全ての人がどの電力会社でも選べるようになり、同時にグリーン電力（自然エネルギー）を選べるという仕組みになった。

一九九六年、「市民によるエネルギー円卓会議」を主催しました。東京電力の勝俣恒久副社長（当時）と原子力資料情報室の高木仁三郎さんの両方を招いて、さらには通産省、文部省の官僚たち、さらに審議会の学者も招待する一方、グリーンピースなどの環境NGOも招きました。原発推進・反対も全員呼んで、円卓会議をやったわけです。

ただし、二つの条件をつけました。

一つは、原子力の是非を議論したら、一週間かけても一年かけても対立したままですから、原子力以外のエネルギーのことを議論しようということ。もう一つは、対立ではなく一致する点を見つけようという二つをルールにしました。御殿場の山の中のホテルにバスに乗せて連れていき、前夜から泊まり込み、早朝から夕刻まで議論したのです。

そうすると、東電の勝俣副社長と高木仁三郎さんとの激しい議論の場面もありましたが、ともあれ、驚くべきことに三つの合意ができたんです。

それは、（1）自然エネルギーを増やすこと、（2）省エネルギーをすすめること、（3）エネルギー政策の意思決定の場をもっと一般に開くこと。この三つです。今から見ると素朴な合意で、現実の場面に簡単に通用できる話ではないのですが、少なくとも当時の円卓会議の場では合意したわけです。

その後、勝俣さんがいたく感激をして、一週間後くらいに電話をくれた。

「環境NGOは下らないものだと思っていたけど、なかなか面白いことをやるじゃないか。自然エネルギーを普及させるために、一緒に何かをやりましょう」と。

それから東京電力の企画部と市民フォーラム二〇〇一のメンバーとで、週に一回、何を一緒にやるかについて議論を始めた。

われわれは、最初から市民が選べるグリーン電力の仕組みをやろうと提案した。二〇〇六年ですから、スウェーデンではまだ始まっていなかったのですが、アメリカのカリフォルニア州にあるサクラメント電力公社ではすでに始まっていました。

ところが、当時の東京電力の企画部の人たちは、「あなたたちは料金制度がどれだけ大変なものか分かっているんですか?」とピリピリするばかりでした。われわれの方は、「料金」がそんなに大変なものとは考えていなかったのですが、東電側は料金というと、規制対象であるうえに経営に直結する話ですから緊張が走るわけです。

万事、このように最初は全然、言葉がかみ合わなかったのです。けれども、会合を重ねるうちにだんだん合ってきた。

そうして「まず太陽光の普及から」ということで合意し、東京電力が市民フォーラム二〇〇一に二億円寄付することになったのです。高木仁三郎さんから、「何だ、市民フォーラム二〇〇一は東京電力に金で買われたのか」と批判されましたが。

宮台　いかにも、おっしゃりそうですね。

飯田　原発を推進したい東京電力と原発批判の環境NGOが、酒をのみながら原発を議論し、でも太陽光は一緒にやろうという、初めてのコラボレーションが三年間続きました。私はその間ほとんどスウェーデンに行っていたのでほかの人たちに任せていたのですが、終わりかけの時に私は日本に戻ってきた。そして、「今度こそグリーン電気料金をやりましょう」と東電とかなり詰めた話を始めました。

その間に、太陽光の普及の動きが他の電力会社にも影響を及ぼしました。北海道電力には当時、腹の据わった最高幹部がいて「原発は好きだけど、飯田さんたちのやっていることも好きだ」などと面白いことを言うわけです。のちに北海道グリーンファンドを立ち上げた鈴木亨さんとともに「何か面白いことをやりたいから、アドバイスをくれ」と私を訪ねてきてくれた。

その後、東京電力と市民フォーラム二〇〇一との協働が良い先行例となって、北海道電力の協力を得るかたちで、鈴木さんは北海道グリーンファンドという名前でグリーン電気料金をはじめたわけです。

北海道グリーンファンドの母体は生活クラブ生協北海道で、これは北海道の反原発では最も活動的な団体の一つです。泊原発三号機をつくらせまいと、北海道電力と最前線でぶつかりながら、同時に自然エネルギーの普及は一緒にやろうという協力が始まったのです。その立ち上げには私も少し協力していました。北海道グリーンファンドは話題になり、計一〇〇〇万円程の蓄積ができました。

その次にもう少し規模の大きいことをしようと、ちょうど泊三号機の議論をしていましたから、風車を作ろう、市民風車、コミュニティ風車を作ろうじゃないかという話を鈴木さんとしました。手本とした北欧における市民風車の実践については、私は『北欧のエネルギーデモクラシー』（新評論）に詳しく書いています。

市民出資で風車を作ろうと計画して、実際に「はまかぜちゃん」という浜頓別《はまとんべつ》の第一基目の風車ができたのが二〇〇一年。こうして、市民と電力会社が半ば協力しながら市民のほうからブレイクスルーをしていく事例が次々と広がっていきました。

サムソ島とまほろば事業

飯田　次に、地域レベルでエネルギー事業をやろうという取り組みが始まったのが二〇〇四年のことです。長野県の飯田市から、「平成のまほろば事業」という環境省の事業に応募したいので、協力してほしいという申し込みがありました。もう少し地域を軸にした、自然エネルギーの開発拠点を作ろうという企画でした。

これも歴史があります。二〇〇二年にヨハネスブルグサミット（ＷＳＳＤ）があり、環境省の審議官が、行き帰りを利用して、私が『北欧のエネルギーデモクラシー』で取り上げているサムソ島（デンマーク）に行きたいとの希望があり、私がアレンジしました。

サムソ島の仕組みを説明します。行政と環境ＮＧＯと環境ベンチャーを足して三で割ったような役割を果たす「環境エネルギー事務所」と呼ばれる組織が、デンマークそれぞれの地域にあります。そういった軸があるので、地域主体で環境エネルギーへの移行が進むわけです。

資金面では、三分の一はデンマーク政府または地方自治体が負担し、三分の一をＥＵが出して、残り三分の一を自ら出資します。それで三年間活動して、事務所を自立させていく、というものでした。

これを手本にして、翌年の二〇〇三年に環境省が概算要求で「平成のまほろば事業」という環境の町づくり事業予算を出しました。これは三分の二補助で、それを三年間支援するという仕組みです。

その公募が翌二〇〇四年。飯田市から私に「応募したいので企画づくりを手伝ってもらいたい」と相談がありました。そのとき飯田市には「これはじつは環境省の審議官がサムソ島に行って学んで作った事業で、成功させるためには環境エネルギー事務所を作らなければいけない」とアドバイスしました。

それが今や日本を代表するエネルギーの地産地消プロジェクト「おひさま進歩エネルギー株式会社」を生み出すことにつながります。いま、一六二ヵ所の太陽光発電所と、グリーン電力事業を展開して、全国から視察団が訪れるまでになっています。

ただ、付け加えるならば「つくばの回らない風車」という大スキャンダルに発展した事業を生みだしたのも、「平成のまほろば事業」です。あれはまさに、中軸になる組織を作らないまま、役所の人間が手厚い補助金を目あてに申請し、研究はできても事業経験のない大学の先生にコンサルティングを依頼した結果、回らないどころか電力を消費する風車が出来てしまった。三分の二補助ですから、五億円のうち市も何億円か公金を出しているわけです。そこでつくば市の住民が住民監査請求を起こし、風車は撤去することになった。環境省から補助金を返すよう求められ、つくば市と早稲田大学が訴訟を起こして争うことになったという出来事でした。

飯田市は今でも事業としてきちんと回っています。次々に事業を発展させて、いまや飯田市がひとつの共同体モデルになっています。

結局、この二つの例から、中心に顔の見える「人」がいないとだめだということが判ります。同じような反証に「バイオマス・ニッポン」という農水省の事業があります。二〇〇二年から一〇年間行われた二〇〇あまりの事業を、総務省の行政評価局が検証したのですが、「ひとつとして成功している事例がない」「数千億円の税金の無駄遣いだ」と評価している。

結局、二年に一回異動する官僚たちが、適当な評価で補助金を配り、受ける地方自治体側もやはり二年で異動する「素人」の担当者が、適当な提案書を作る。そこへ、受注して報告書やモノを納めてしまえば「あとは野となれ」というメーカーやコンサルが食い逃げする。「これでいいんじゃないか?」「ちょっと進んだ技術だ」と、無責任のトライアングルで日本中に「ガラクタ」が作られていくわけです。

今評価すると本当にガラクタです。「地域に借金しか残らない」「税金の無駄遣い」と総務省の行政評価に見事に載っています。それのアンチテーゼとして飯田市の「おひさま進歩エネルギー株式会社」がある。

メーカーとしてはモノさえ売れればいいから「事業は失敗してもあなたの責任でしょ。私たちは言われた通りモノを納めましたよ」という理屈です。

まさに共同体自治をしようとしたら、地域の側にしっかりとした受け皿となる知恵と経験と信用、そうした社会的関係資本を重ねていける「中心」がないといけない。地域に行けば、二年で担当が変わるド素人の地方官僚ばかりで、何となく「飯田市は成功しているかもしれないな」と、担当者が変わるたびに視察にきて、なにかを始めたいと思うけれど、また人事異動で担当が変わる。その度にゼロクリアです。

地方から考える可能性

宮台　東電が悪い、菅政権の仕切りが悪い、経産省が悪いと言うことは、それぞれある程度は正しいけれど、それで終わる話にはならないということですね。そうした各エージェントが悪いと帰責することに意味があるのは、共同体自治を邪魔する〈悪い心の習慣〉と〈悪い共同体〉を変えることにつながる場合だけです。そうしないと、「もっとちゃんとやってくれ」という要求に応えて、結局は同じ種類の、別のエージェントが呼ばれてくるだけになります。それはよくない展開です。

先ほど、飯田さんから伺った東京都や福島県の話を考えれば、国よりも地方自治体のほうが、変えられるチャンスはあると思います。

実際、河村たかし市長の名古屋市みたいな展開もいい材料にできると思う。地方というのは、中央と同じように、自治体首長と地方キャリア官僚と地元の経済的有力者の権益複合体があり、利権が手つかずのまま継承されてきています。そこに他の人が食い込むということはあり得ないし、それを変えるということもあり得ない状況でした。

けれど、河村たかし名古屋市長とその仲間はあれこれ研究して、工程表を書いている。河村市長のかかげる減税というのはわかりやすい例で、お金を節約して使えというのは無理だから、入ってくるお金をはじめから減らしてしまえば、基本的に省庁の権益は剝奪できる。そういう作戦なわけです。

加えて、無駄を削減するプロセスで、議会が全く機能していないことを明るみに出し、今説明した複合体、つまり首長・地方官僚・有力者の鉄の三角形に、なぜそういうお金の使い方がなされてきたのかを明らかにすることで、人びとの目を向けさせることも目標です。

最後は、地域委員会。議会で決めていたことの半分以上を地域委員会で決めるようにする。その分、議会の管轄事項を圧縮して、ヨーロッパ並みの人数に減らし、給料も半分以下にして職業を持っている人間が兼職するという形でも回せるようにする。夜の一七時一八時以降に集まってちょっとしたことを話す。そういうかたちをつくっていく工程表です。

元環境省地球環境審議官の小島敏郎青山学院大教授がそういう工程表を書いているんで

す。当然、同時にいろいろなことをいうと、人びとが説得されないから、小島さんは一個一個単純化して、第一段階で動きが出てから第二段階に進むという形で、工程表の先には環境とエネルギー問題が出てくるようにしているのです。

飯田　小島さんがやっているのなら、当然そうでしょうね。

宮台　いきなり環境問題から入ると何も動かなくなるので、そのような形式をとったんだと思います。そのような攻め方もあるわけです。まず自治を取り戻す。共同体自治の形を作ってから、環境の問題をそこに実装させていこうという戦略だと思う。飯田さんがサムソ島を参考にして祝島でやっておられるように、エネルギーを変えることから自治を再生するという方向と、自治を再生することでエネルギーを変えることとの政策的な現実性を上げていく。両方の方向性があると思います。

僕は小島さんたちと月に一回勉強会をやっていますが、そこで議論しているのは、ある種の特殊な人が関心を持つ問題ではなく、誰もが関心を持てる問題から始まって、その問題に関心を持った以上は、次の問題に関心を持たないのは不自然でしょう、というふうに道筋をたどっていくようにしよう、という戦略です。

いきなり環境問題というと、それは環境オタクの話でしょう、と無関連化されてしまう。誰もが関心を持つ問題ならそうはならない。先ほども申し上げたように、日本ではラベル貼りをされたうえで陣営間の誹謗中傷になってしまう。それを避けるということですね。

電力自由化ロードマップ

宮台　事故後の東電の処理について、飯田さんはどう分析されていますか。

飯田　今の東京電力の損害賠償スキームは、東電をゾンビのように生かしたまま独占を続けることを前提にしたひどい案で、三井住友銀行と経産省が書きはじめたと聞いています。それが政府原案です。

結局、電力独占を前提としているから、国民は電気料金を払い続け、場合によっては値上げもあるし、金融機関が自分が貸している七兆円の融資、とくに追い貸しした二兆円を取り返そうという銀行のインセンティブに基いて書かれた仕組みです。

東電の不始末の処理は、東電自体や株主、銀行に行く前に、独占状態にある電気料金で、というナンセンスな話です。先ほど宮台さんがおっしゃった減税日本、河村たかしのアプローチでいくと、まずこのことに怒らなければいけません。これは、当面一番大きな政治イシューになると思いますし、しなければいけない。

冗談ではない。まず、東京電力は全ての財産を出す。次に株主で、株価はゼロに減資して上場廃止する。それに融資した銀行は、貸し手責任の原則から債権を放棄するべきです。それで損害賠償をしてもなおお金が足りなかったら、「原発埋蔵金」を払う。これは、「再処理等積立金」という、まったく使うあてもなく使う必要もない悪貯金が二・五兆円もあり、さらに毎年五〇〇〇億円も積み上がってゆくものです。電気料金への転嫁は完全に切り離して、東電資産管財人のようなものを作る。

経営者はさておき、実働部隊さえ働いてくれれば電力供給についての問題はまったく起きません。ですから、一時期挙がっていた、東京電力を国有化して電力供給を保障したうえで、おちついてから、競売することで高く売れれば、その差額は賠償なりに充てることができます。電気料金への転嫁、安易な税金への転嫁は許さないと主張するべきです。

そこを争点にしてからでしょう。そのようにしていけば自然と電力自由化の話にいきつくわけです。結局、このような事態に陥っているのは東電の独占状態であるからです。そういう話になれば、もっと具体的な、分かりやすい話になります。

一般のひとに理解されないまま、知らないうちに、銀行の損害賠償、銀行が支払うべき債務、東電が払うべき損害賠償を、私たちが払うということに対する正しい怒りが湧けばいい、そこからでしょうね。そうすれば、おのずから送配電分離につながっていきます。

宮台　東電の第三四半期の財務諸表を見ると、送電設備の簿価は二兆一〇〇〇億円。これに加えて変電設備が八四〇〇億円、配電設備が二兆二〇〇〇億円の簿価です。市場価格は簿価よりも下がりますが、大変な額です。また、東電の連結子会社が一七〇近くあり、東電はこれらに関連する株式など「投資その他資産」を二兆五〇〇〇億円持っています。これらを売却すれば、八兆円はひねり出せます。

そもそも巨大リスクを抱えた原発の所有者に貸し込んだ銀行に、貸し手責任があるのは当たり前で、東電に関する九兆円の債権の全額を放棄して損害賠償に充てるべきです。そんなことをしたら東電に融資する銀行がなくなると与謝野馨経済財政担当大臣などが言うけど、東電に融資する必要はさらさらない。東電は巨額の資産を売却した上で損害賠償のための資産管理会社になるのが合理的です。東電の電気料金への転嫁などありえません。

飯田　ありえないことですよね。

宮台　独占を前提にしているから、何を前提にしているかの前提を変えられないといけない。大連立構想についてはどう考えていますか。

飯田　このままの大連立は危険でしょうね。自民党も民主党もマジョリティは官僚と電力のシナリオで動く人が多い。

例えば、新聞一面でいきなり、「政府原案できる」とか「東電と交渉はじまる」と報じての既成事実化。これは典型的な既成事実化ですね。社説でこれはおかしいと、古いメディアの王道のところが声を上げるという形が必要でしょう。賛成派も当然いていいのですが、これが世の中の議論の焦点だ、と浮上してこないといけません。

このテーマはツイッターでも反応はいいんですよ。税金とか電気料金とかその前に東電が賠償すべきだと言うと反響がすごくある。河野太郎さんも呟きをながすと、「そうだそうだ」とリツイートが流れてくる。ただ、ツイッターだけだと、まだマイノリティです。ですから、マジョリティというか保守メディア、古いメディアに中心課題として挙がってこないといけない。郵政民営化のようになるかどうか。そこまで、どう政治テーマとしての重要度を上げていけるかということが当面の問題です。

原発社会を可能にしたものと不能にしたもの

宮台　先ほどお話しした「報道特集」では太陽光発電の民間工場での利用例が紹介されたのですが、中央にタワーが建っていて、その周りを鏡が取り囲んでいる。

飯田　集光型太陽光発電、CSPですね。

宮台　あれはすごいですね。実用化は進んでいるのでしょうか。

飯田　スペインのセビリアで一万六〇〇〇キロワットの実証プラントがつくられました。アメリカで売電契約が締結されたり建築が始まったプロジェクトの総計が、いきなり一〇〇〇万キロワットです。それから、われわれ環境エネルギー政策研究所（ＩＳＥＰ）も共同研究していますが、アフリカの北サハラにＣＳＰをつくって、ヨーロッパに送電しようという「デザーテック」という計画があります。事業規模四〇兆円の事業連合です。アジアでもゴビテックという計画があります。ゴビ砂漠で太陽光発電して、スーパーグリッド（高圧直流送電線）でつないでしまおうという計画です。すこし前だったら「頭のおかしい工学オヤジの妄想」と言われかねない規模のものが、今では現実のプロジェクトとなっている。おもしろいですよ。夜でも発電できます。日中は鏡で一ヵ所に太陽光を集めて熱をため、夜はその熱で発電する。

宮台　砂漠なら天候も安定しています。テレビで自然エネルギーを紹介するとき、ソーラーパネルなどの太陽光発電、太陽で発電しているＣＳＰはインパクトがある。原子力発電所と遜色のない規模の発電量だったら「こっちがいいよな」とひと目で思う（笑）。同じボイラーを沸かすなら、どう考えてもＣＳＰです。虫眼鏡みたいな凹面鏡の単純な原理ですが、それだけによく考え付いたなと思います。

飯田　日本でもやっていたんですよ。一九八一年、香川県仁尾町《におちよう》（現・三豊市《みとよし》）で実証プラントが稼働したのですが、さすがに三〇年前は実用化には至らなかった。カリフォルニアの実証プラントでも横ばいでしたが、セビリアの成功で一気に火がついた。日本では「くず技術」扱いで、研究も途絶えて、人も資料も残っていません。誰が何をやっていたのかも分からない。

宮台　そこでも知の継承がされてないという問題があるわけですね。でも、これからでも、電源三法を変えて、山間部に大規模なソーラーパネルを設置したりＣＳＰを建設して地元にお金が落ちるようにすれば、インパクトがありますよ。素朴な質問ですが、自然エネルギーによる自家発電で、企業や工場が電力を賄うことは可能なのでしょうか。

飯田　それよりもインターネットのような分散型モデルでしょうね。自家発電だけだと自分のノートパソコンだけで、ネットに繋げずに作業する、みたいになってしまう。ＰＣ88でゲームをつくることぐらいしかできない。グーグルが考えているスマートグリッドはまさにインターネットのようなモデルで、発電量の変動もネットワークに繋ぐことではじめて吸収できる。自分で蓄電池をもったまま孤立していたら、コストが高くて仕方がありません。自分で蓄電池をもっていてネットワークに繋がっていたら、ソーシャルに活用できる。将来的には、蓄電池機能、あるいは出力調整機能のクラウドが、間違いなくできます。

山小屋であれば独立型でいいでしょうが、都市はネットワークに繫がったほうがイノベーションの可能性が広がります。

宮台　日本では最近「ウチはソーラーパネルがあったので、計画停電でも大丈夫でした」という人たちがテレビで紹介されていますね。素朴ですが訴求力はあります。

飯田　震災後、ソーラーパネルの売り上げが一気に増えました。太陽光パネルは、普段は系統につながっていて、停電したら「自立運転モード」に切り替えれば自分の家だけで閉じた運転ができる。ネットワークに繫がっていながら独立系として使える。

宮台　「自立運転モードの配線をしていなかったので、震災後に配線しました」という人もいました。みんな大規模の停電を想定していなかったからです。いま設置した人は停電を前提に配線するでしょう。

ことほどさように、日本人がこれまで経験していない生活と政治を選択しなくてはいけないわけです。何事も、ダメだったら「どうしてダメだったのか」をよく分かっていないといけない。理由が分かれば、後に続く子々孫々がそれを学ぶことができる。そのためには、飯田さんが経産大臣か環境大臣になる政権へと、一〇年以内にならないとダメでしょう。

飯田　河野太郎さんが首相にならないと指名されませんね（笑）。いま与野党を見渡しても、河野太郎さんぐらいしか海外で通用する議論ができるひとはいません。大きな話とディテールの話を両方できるひとが本当にいない。河野さんはそれができるし、大胆に振る舞える。

大胆に振る舞えるというのは重要なことです。とある市の市長は人が良すぎて、市長になった瞬間に「市役所の職員もみんなよくやっているよ」と、周りの人を全部受け入れてしまう。政策を動かそうとしても、行政が積み上げてくる意見もすべて受け入れてしまうので、われわれが何かやろうとしても「それは担当者に話しておいたから」と市長に言われてしまう。その結果は壮大な官僚政治の日常のなかに消えてしまう。アリバイのように「市長に言われたので飯田さんにご意見を伺いに参りました」というような使われ方をしたので、自然と協力しなくなりました。

組織の強さと怖さがわからないとダメなんです。民主党はそれに関して完全にアマチュアでした。まだ自民党のほうが分かっている、でも動かさない。民主党はそもそも霞が関をどう動かすかが分かっていない。そこが今回の政権交代の失敗であり最大の教訓です。

宮台 民主党には元霞が関官僚はたくさんいて官僚の習慣を知っているはずなのですが。

飯田 霞が関を脱藩覚悟で動いていた「維新の会」の元気な官僚たちは、政権交代の前から民主党にアドバイスをしていたのですが、結局あんな大臣任命だったので既存の官僚組織がそのまま残ってしまい、彼らは居られなくなって、辞めてしまいました。あれは酷いと思った。

霞が関を一番よく知っているのは霞が関官僚なのですから、彼らを補佐官に任命して腕を振るわせたら、いろいろなことができたはずです。でも、まったくしなかった。酷い話です。

宮台　孫正義さんの自然エネルギー財団や自然エネルギー協議会についてはどう思われますか。

飯田　3・11後の日本社会にもっとも影響を与えている一人だと思います。

孫正義さんは、IT以外のことに一分一秒も使わないと心に誓って起業され、3・11以前には、原子力やエネルギーのことはいっさい考えたことがなかったそうです。それが今や、私財を投じて自然エネルギー財団を興し、二七もの道府県知事を動かして自然エネルギー協議会を立ち上げられたわけです。

孫正義さんという成功した起業家が参戦されただけでも、これまでとは異なる大きな変化を予見させます。とくに孫正義さんが、今日の地位を築いてこられた通信業界における総務省―NTTの癒着ともたれ合いの関係性と、経産省―電力会社の関係性がまったく相似形であることから、戦い方も動かし方も心得ておられるところが強いですね。

さっそく四月に民主党議員に呼ばれて議員会館で講演したときには、経産族や大物議員が多数集まる大盛況でしたし、五月には菅首相とも三時間にわたる食事をご一緒され、自然エネルギー拡大で意気投合した。その後の参議院の参考人意見陳述も大きな反響を呼びました。

私も自然エネルギー財団の立ち上げなど、少しお手伝いをしていますが、私心なく義憤で熱く動いておられるかたです。この先、間違いなく「台風の目」になると思います。

宮台　われわれはどうしてもモノを考えるスパンが短い。ロングスパンでモノを考える習慣が近代日本人にはないんです。社会学の世界では、どういう時間観念をもつのかは、宗教社会学的な条件で決まると考えます。唯一絶対神をもつ宗教社会では、戒律があろうがなかろうが、自分たちの日々の生活が信仰生活を裏切っていないかどうか、神の意思を裏切っていないかどうかを反省します。素朴に自分がやっていることと、神から見てどうなのかということと、二つの視座から見て反省的になれるんですね。

日本の場合は唯一絶対神的な絶対的他者性がないので、「自分たち以外のからの見え方を想像しなければ生活を営めない」とは思わない。それは大きな条件です。

もちろん日本にも祖先崇拝はあります。田舎なら墓を守る。血筋ではなく家筋で墓を守り続ける。商店であれば「屋号を守る」のと同じです。しかし、その伝統も割と早く消えてしまう。企業に対するロイヤリティ（忠誠心）も日本が一番高いといわれていたのが二〇年前ですが、今やOECD加盟国のなかでは下から二番目になってしまった。

かつては「企業は共同体で、日本人は企業共同体に忠誠心を持っていた」と言われたのですが、同じ「忠誠心（ロイヤリティ）」という言葉で語られているとはいえ、あまりにも変化しやすい。もしかしたら違うものかもしれない。

文化人類学者のルース・ベネディクトが、日米開戦直後に組織された、占領後の日本の統治戦略を研究するチームのリーダーで、『菊と刀』という本でこんなことを言っています。日本は狂信的なナショナリストだらけだと聞いていたけれども、捕虜を捕まえてきて風呂を使わせて飯を食わせると、その日のうちからペラペラと極秘事項を喋りはじめる。不思議なことに、狂信的なナショナリストは誰ひとりいなかった、と。

だから、「狂信的なナショナリストに見える」とか、「忠誠心が高いように見える」とか、「家筋の継承に熱心に見える」ということが意味することが、コミットメントでも忠誠心でもナショナリズムでもない「何か」である可能性があります。

それが僕らの強みでもあり、弱みでもある。何かの継承線を意識できない。継承するフォルムのなんたるかを意識できない。社会学のオーソドックスな理論では、そうした〈心の習慣〉は変えられない。別の工夫によって補うしかありません。

飯田　最近徐々にではありますが、組織とか場に外国人が交じることが多くなってきました。ＩＳＥＰも研究部長はアメリカ人で日本語がしゃべれないんです。毎年コロンビア大学からインターンの学生が来ますし、常に外国人が二、三人います。またＩＳＥＰのインターンにいた人間が常に二、三人は外国で研究をしている。

そういう環境が急速に広がってきたので、古い日本型の空気が明らかに通用しないようになった。

宮台　ＩＳＥＰの在籍者数は何人くらいいらっしゃるのですか。

飯田　境界が緩くて、フルタイムは四、五人ですけど、五〇パーセントタイム、七〇パーセントタイムがいたりします。インターンで三〇人から五〇人が常に在籍している。大学の先生もいろんな人がいろいろな形でコミットしています。研究テーマごとにチームができるような体制です。そういう新しい組織文化がＩＳＥＰだけでなくようやくいろいろなところでも出始めているので、そのあたりから少しずつ変わっていくのではと思います。日本のこれまでの「あうんの呼吸」とか、思考停止なオヤジの組織で暗黙の自明であったものが、だんだんと通用しなくなってきています。

宮台　先ほどまで「比較家族史学会」で打ち合わせしていたのですが、そこで、国際結婚の形態が変わってきているという話をしてきました。たとえば、これまでは日本人と韓国人が結婚すれば、日本流の生活になるか、韓国流になるか、どちらかでした。でも最近では、お互いアメリカに留学してそこで日本人女性と韓国人男性が知り合って結婚すれば、夫婦は英語で話し、母親と子どもは日本語で、父親と子どもは韓国語で会話する。子どもたちは両親の会話も聞くので、三ヵ国語で話している。子どもの国籍が日本だとしても、日本人の振る舞いとは違ってきます。いま、国際結婚というと、こういうケースが普通になってきました。

飯田　それは面白い傾向ですね。

宮台　グローバル化が進んだせいで、昔なら同調を強いられていたのに同調しなくて済むようになっているのは間違いないでしょう。われわれも「空気の支配」という同調圧力に負けないようにしたいものです。

あとがき——フクシマ後の「焼け跡」からの一歩

飯田哲也

「すごい地震」

家人からの携帯メールが入った。ドイツ時間二〇一一年三月一一日金曜日朝七時前。東日本大震災の第一報を、こうしてポツダム（ドイツ）のホテルで知った。

この瞬間から、人生が一変した。それ以来、時間が止まったような密度の濃い日々を過ごすことになるとは、その時は思いも寄らなかった。

前夜に日本から到着したばかりだった私は、日本の時間に合わせて起床し、日本とメールやスカイプでやり取りをしながら、もうすぐ出かける予定の自然エネルギー関連の国際ワークショップに備えている最中だった。ただちに、情報を求めてインターネットを探った。ブログやツイッターをたどっていくうちに、広島の中学生がiPhone4を使って、NHKのニュース映像をUstreamライブでずっと流し続けているサイトにたどり着く。

そこでは、信じられない映像が繰り返し、映し出された。炎上するガスタンクやあちらこちらで上がる火の手。大津波が田畑一面に広がり、ゴミやクルマや仙台空港の飛行機までをも押し流してゆく。ドイツに来る機中で偶然見た映画『ヒアアフター』での生々しい津波の映像が脳裏で重なる。全身からアドレナリンが迸《ほとばし》る。

だが、被害や影響の情報はまだほとんどない。阪神大震災のときもそうだったが、一目で見て取れる被害の激甚さに比べて、桁違いに小さな犠牲者の数しか伝えられない、その落差が情報途絶とその裏返しとしての被害の大きさを物語っている。それが余計に不安をあおるのだ。

国際ワークショップの会場に行く時間だが、大地震のことで気が気でない。後ろ髪を曳《ひ》かれながらロビーに降りて、ホテルに同宿している他の参加者と合流し、ホテルからそう遠くない会場に着く。国際再生可能エネルギー機関（IRENA）の戦略を議論するための二〇名程度の小さなワークショップだ。主催者のクラウス・テプファー先端サスティビリティ研究所（IASS）所長は、かつて一九八〇年代から一〇年あまりドイツ環境大臣などを務め、ドイツの脱原発の礎を築いた人だ。国際再生可能エネルギー機関のアドミン・アナン事務局長や世界風力発電協会（GWEC）事務局長のスティーブ・ソーヤ（元グリンピース・インターナショナル）などの顔が並んでいる。誰も皆、大地震による被害を心配して、暖かい言葉を掛けてくれる。

私はといえば、肝心の国際ワークショップの議論どころではなく、PCの画面に映るニュース映像に釘付けになりながら、メールやツイッターで入ってくる情報を収集し、日本に連絡を取って、まずは家族とスタッフ全員の無事を確認して一安心する。

しばらくして、原発が被害を受けたらしいとの情報が流れた。東北電力の東通原発と女川原発、東京電力の福島第二原発は、無事に冷温停止に成功したが、東京電力の福島第一原発の非常用ディーゼルが故障して、緊急事態となっているという情報だった。

官邸の情報（三月一一日二二時三五分）には、「福島第一原発2号機は22:20頃に炉心損傷開始、23:50頃に圧力容器損傷予想」とある。

これはいったい現実なのか。本当にこんなことが起きようとしているのか。まるで悪夢を見ているようだった。

いっそうの不安を覚えつつ、さらなる情報を求めて、インターネットを探り、猛烈にメールやツイッターを書き送った。日本からも国会議員やメディアなどから次々に電話が入ってくるようになった。もはや国際ワークショップどころではない。テプファー所長もアナン事務局長も、日本の原発の状況が気になるようで、ときおり私に様子を聞いてくる。

こうして、私にとっての3・11が幕を開けた。

宮台真司さんから、対談・共著のかたちで出版の声を掛けていただいたことは、ちょっとした驚きだった。泥臭いエンジニアから人生のキャリアをスタートした自分にとって、宮台さんは、同世代とはいえ、自分にとっては、はるか空高く輝く人だった。博覧強記の知識とさまざまな概念装置を駆使しながら、現代社会を鮮やかにえぐり取る論考には、どれも唸らされるものがあった。

数年前から神保哲生さんのマル激トーク・オン・ディマンドでご一緒するようになっても、私が提供する議論の素材を宮台さんがどのように解釈し、切り取るのか、毎回、楽しみにしていたものだ。

その宮台さんと一対一のガチンコとなると、果たしてどのような対談になるのか。そもそも話が嚙み合うのだろうか。不安と期待の入り交じった気持ちで臨んだ本書だった。だが、終わってみれば、そんな心配は無用だった。

むしろ、それぞれ異なる人生経路・異なるかたちではあったものの、団塊の世代以上が築き上げてきた今の日本社会に対して、同じような問題意識を持ち、同じように格闘してきた「同志」だったのだ。そういう我々世代の同じ感性と嗅覚を共有していたことが、意外というよりも、新鮮な発見であると同時に、対談を終えた今は、当然のことのように思える。

なぜ自分は、原子力ムラにある種の鬱陶しさを感じたのか。なぜ自分は原子力ムラに決別したのか。なぜ自分は、北欧のエネルギー社会の現実に希望を見出したのか。自分でもぼんやりとしか意識できていなかった、自分自身のそういう部分に光を当てて、引き出してくれたのは、もちろん宮台さんの力量に他ならない。改めて心から感謝したい。

さて、フクシマ後の日本だ。

3・11の前と後では、日本社会には、誇張ではなく、江戸から明治への大転換、太平洋戦争中から戦後への大転換と同じような変化が生じつつある。「原発は安全・安心・クリーン」という耳当たりの良いデンツー的言葉だけが流布していた「3・11前」。太平洋戦争のさなかに、誰もが戦争の大義を疑うことがなかったのとまったく同じように、原発の是非を問い電力会社の独占を疑う意見は、徹底的かつ巧妙に排除されてきた。

それが、かつて「八月一五日」を境に一瞬にして一億総民主主義に転じたように、「3・11後」は、原発や電力会社の問題点がマスメディアでもおおっぴらに報道され議論されるようになった。エネルギーや原発問題が、一部の狭い専門家の議論から、国民共通のもっともポピュラーな関心事となった。原発に代わる代替エネルギーの本命として、自然エネルギーの可能性が真正面から議論されるようになった。こうした変化は、それ以前の、まるで半透明の「分厚い膜」が覆っていた状況に比べれば、少なくとも良い方向といえよう。

ところが、この変化は、まだ本質的なものではなく、かつ容易ではない。

例えば、経産省が省益を守るために仕掛けた「エネルギー政策賢人会議」。本省に事務局を置いて、資源エネルギー庁を「峰打ち」でお仕置きすることで、自省の原発・エネルギー政策権益を守ろうとする高等戦術だ。それが空振りに終わると、今度は国家戦略室を出島にした「エネルギー環境会議」を仕掛けてくる。どちらも原発推進ありき、省益ありきとなっていて、じつに根深い。経産省と財務省と東京電力と三井住友銀行が絵を描いたとされる福島第一原発震災の損害賠償スキーム（枠組み）。東電本体や株主、金融機関など責任を取るべき人が取らず、東電をゾンビのように一〇〇年活かし続けて今の電力会社の独占を続ける一方で、まるで責任がないはずの電気料金を通じて国民負担を強いる「トンデモスキーム」が、堂々と出てくる。国民の七割が支持をした菅首相の浜岡原発停止要請に対して、他の原発を止めさせない「脅し」にも似た、メディアも利用した「電気が足りないキャンペーン」。

一時期、思考麻痺を起こしていた原子力ムラや原子力官僚、電事連、経団連などこの国の「旧《ふる》いシステム」だったが、このように性懲りもなく、もう揺り戻しを始めている。ことほどさように、彼らは今回の原発震災で何も変わっていないのだ。

私たち自身もまた、問われている。「3・11前」も思考停止したまま、「原発は安全・安心・クリーン」と信じたのと同じように、「3・11後」は、それが原発たたき・東電たたきに転じただけではないのか。

テレビ番組も週刊誌も講演会も、原発ネタやエネルギーネタは大盛況だ。私自身、「3・11後」に呼ばれる講演会やメディア出演の機会は、桁違いに増えたのだが、今の状況にかすかな違和感を感じてしまう。メディアは、今の状況をネタとして「消費」しているだけではないのか。メディアが果たすべき役割を本当に果たしているのだろうか。また、講演を聞きに来られる聴衆の人たちは、本当に勉強熱心だとは思うのだが、自分たち自身が社会を構成する当事者としての意識を持ち、責任を持ち、発言し、行動するのだろうか。

この福島第一原発に起きた歴史に残る大事故は、いまだなお収束の見通しは立っていない。この不安定な状態は、まだ数年・数十年のオーダーで続くことは間違いない。この状況を目の前にしてなお、この国の「旧いシステム」は変わるどころか、上で述べたような既得権益を露骨に温存する動きが見られる。

その上、私たちの目の前には、目を疑う状況が次々に繰り広げられる。事故処理に関して、原子力安全保安院を筆頭に、まるで当事者能力も当事者意識も責任感もない原子力ムラの人々。すべてが後手後手に回り、ドロ縄的な対策で、どんどん状況を悪化させてきたこの混乱ぶりは、いったい何なのか。いまだに、きちんとした放射能汚染地図も作成・公表されておらず、安全性の立場に立った放射線防護の措置が取られていない。それにもかかわらず、予防原則もわきまえず、「安全デマ」を布教する御用学者と「二〇ミリシーベルト」(放射線作業従事者の年間許容被曝線量と同じ)を子供たちにも適用すると決めた文科省の姿勢が突出している(ただし、文科省はのちに一ミリシーベルト以下を目指す、とした)。

いったい、これが世界でもっとも進んだ先進国で民主主義の国だと信じられてきた日本で、チェルノブイリ事故から二五年も経た二一世紀にもなって、今、起きている現実なのだろうか。これは、フクシマ後に出現した「知の焼け跡」と表現せざるを得ない。

私自身、原子力ムラを出た後の人生をとおして徹底的に拘《こだわ》ってきたのは「リアリティ」だ。おそらく、青少年時代に皮膚感覚的な体験をもった社会の最底辺層への眼差しが、自分の心の中には絶えず「碇《いかり》」としてある。

この国の「旧いシステム」は、あまりに日本社会を構成する大多数の善良な人々、とりわけ最底辺層や将来世代への眼差しが欠けているだけでなく、その善良さを愚弄し、見下し、しかもそこに付け込んで「寄生」しているとしか思えない。しかし他方で、それを批判して理想論を美しい論文にまとめても、どろどろした「現実」に手を突っ込まなければ、それはエクスキューズにしかならない。

この無残な日本の実像に立ちすくみながらも、現実を一ミリメートルでも、望ましい方向に日本社会を動かしてゆくことが、「明日」への道を拓く。あまりにも重く、果てしなく長い道のりだが、その一歩を今日もまた刻んでゆこうと思う。

本書は、東日本大震災一週間後の重苦しい雰囲気の中、深夜に及んだマル激トーク・オンデマンドの収録後に、辛抱強く待っていただいた講談社現代新書出版部の岡本浩睦さんと宮台真司さんとの三人で練った企画で出来上がったものだ。宮台さんと飯田との超多忙な二人の時間をなんとか二日間絞り出し、長時間にわたる対談をもとに本書が誕生した。本書を企画して頂いた講談社岡本さんと、話があちらこちらに飛んだ対談を上手くまとめていただいたフリー編集者の河村信さんにお礼を申し上げます。

本書で少し触れたが、今の自分の人生の出発点は、小学校六年で出くわした、一家離散に近い出来事にある。父と二人、貧乏長屋で身を寄せ合う窮乏生活だった。ただし、本当の辛酸をなめたのは父であり、私は父に守られていて、貧乏ではあっても、何も不自由はなかった。どのような人生の転機においても私を信じてくれ、今もなお、私を温かく見守り、心の支えになってくれている。

本書は、その父に捧げたい。

（二〇一一年六月　横浜・港北の自宅にて）

N.D.C.302 202p 18cm
ISBN978-4-06-288112-8

講談社現代新書 2112

原《げん》発《ぱつ》社《しゃ》会《かい》からの離《り》脱《だつ》——自《し》然《ぜん》エネルギーと共《きょう》同《どう》体《たい》自《じ》治《ち》に向《む》けて

二〇一一年六月二〇日第一刷発行

著　者　宮台《みやだい》真司《しんじ》＋飯田《いいだ》哲也《てつなり》

発行者　鈴木　哲
発行所　株式会社講談社
東京都文京区音羽二丁目一二—二一　郵便番号一一二—八〇〇一
電　話　出版部　〇三—五三九五—三五二一
販売部　〇三—五三九五—五八一七
業務部　〇三—五三九五—三六一五
装幀者　中島英樹
印刷所　大日本印刷株式会社
製本所　株式会社大進堂　定価はカバーに表示してあります　Printed in Japan

「講談社現代新書」の刊行にあたって

教養は万人が身をもって養い創造すべきものであって、一部の専門家の占有物として、ただ一方的に人々の手もとに配布され伝達されうるものではありません。

しかし、不幸にしてわが国の現状では、教養の重要な養いとなるべき書物は、ほとんど講壇からの天下りや単なる解説に終始し、知識技術を真剣に希求する青少年・学生・一般民衆の根本的な疑問や興味は、けっして十分に答えられ、解きほぐされ、手引きされることがありません。万人の内奥から発した真正の教養への芽ばえが、こうして放置され、むなしく滅びさる運命にゆだねられているのです。

このことは、中・高校だけで教育をおわる人々の成長をはばんでいるだけでなく、大学に進んだり、インテリと目されたりする人々の精神力の健康さえもむしばみ、わが国の文化の実質をまことに脆弱なものにしています。単なる博識以上の根強い思索力・判断力、および確かな技術にささえられた教養を必要とする日本の将来にとって、これは真剣に憂慮されなければならない事態であるといわなければなりません。

わたしたちの「講談社現代新書」は、この事態の克服を意図して計画されたものです。これによってわたしたちは、講壇からの天下りでもなく、単なる解説書でもない、もっぱら万人の魂に生ずる初発的かつ根本的な問題をとらえ、掘り起こし、手引きし、しかも最新の知識への展望を万人に確立させる書物を、新しく世の中に送り出したいと念願しています。

わたしたちは、創業以来民衆を対象とする啓蒙の仕事に専心してきた講談社にとって、これこそもっともふさわしい課題であり、伝統ある出版社としての義務でもあると考えているのです。

一九六四年四月　野間省一

哲学・思想Ⅰ

66 哲学のすすめ――岩崎武雄
159 弁証法はどういう科学か 三浦つとむ
501 ニーチェとの対話――西尾幹二
871 言葉と無意識――丸山圭三郎
898 はじめての構造主義――橋爪大三郎
916 哲学入門一歩前――廣松渉
921 現代思想を読む事典 今村仁司 編
977 哲学の歴史――新田義弘
989 ミシェル・フーコー――内田隆三
1001 今こそマルクスを読み返す――廣松渉
1286 哲学の謎――野矢茂樹
1293 「時間」を哲学する――中島義道

1301 〈子ども〉のための哲学 永井均
1315 じぶん・この不思議な存在――鷲田清一
1357 新しいヘーゲル――長谷川宏
1383 カントの人間学――中島義道
1401 これがニーチェだ――永井均
1420 無限論の教室――野矢茂樹
1466 ゲーデルの哲学――高橋昌一郎
1504 ドゥルーズの哲学――小泉義之
1575 動物化するポストモダン――東浩紀
1582 ロボットの心――柴田正良
1600 ハイデガー＝存在神秘の哲学――古東哲明
1635 これが現象学だ――谷徹
1638 時間は実在するか 入不二基義

1675 ウィトゲンシュタインはこう考えた――鬼界彰夫
1783 スピノザの世界――上野修
1839 読む哲学事典――田島正樹
1883 ゲーム的リアリズムの誕生――東浩紀
1948 理性の限界――高橋昌一郎
1957 リアルのゆくえ――大塚英志 東浩紀
1996 今こそアーレントを読み直す――仲正昌樹
2004 はじめての言語ゲーム――橋爪大三郎
2032 「あなた」の哲学――村瀬学
2048 知性の限界――高橋昌一郎
2050 超解読！ はじめてのヘーゲル『精神現象学』 竹田青嗣 西研
2084 はじめての政治哲学 小川仁志
2099 超解読！ はじめてのカント『純粋理性批判』 竹田青嗣

哲学・思想Ⅱ

政治・社会

1038 立志・苦学・出世――竹内洋
1145 冤罪はこうして作られる　小田中聰樹
1201 情報操作のトリック　川上和久
1338 〈非婚〉のすすめ――森永卓郎
1365 犯罪学入門――鮎川潤
1410 「在日」としてのコリアン――原尻英樹
1488 日本の公安警察――青木理
1540 戦争を記憶する――藤原帰一
1543 日本の軍事システム　江畑謙介
1662 〈地域人〉とまちづくり　中沢孝夫
1742 教育と国家――高橋哲哉
1853 奪われる日本――関岡英之

1866 欲ばり過ぎるニッポンの教育――苅谷剛彦 増田ユリヤ
1903 裁判員制度の正体――西野喜一
1965 創価学会の研究――玉野和志
1969 若者のための政治マニュアル――山口二郎
1977 天皇陛下の全仕事――山本雅人
1978 思考停止社会――郷原信郎
1983 排除の空気に唾を吐け　雨宮処凛
1985 日米同盟の正体――孫崎享
1993 新しい「教育格差」　増田ユリヤ
1997 日本の雇用――大久保幸夫
2017 日本のルールは間違いだらけ――たくきよしみつ
2024 予習という病――高木幹夫 日能研
2026 厚労省と新型インフルエンザ――木村盛世

2028 「天下り」とは何か――中野雅至
2038 ガラパゴス化する日本　吉川尚宏
2042 ニッポンの刑務所――外山ひとみ
2043 大学論――大塚英志
2053 〈中東〉の考え方――酒井啓子
2059 消費税のカラクリ――斎藤貴男
2063 未来を変えるちょっとしたヒント――小野良太
2068 財政危機と社会保障――鈴木亘
2073 リスクに背を向ける日本人――山岸俊男 メアリー・C・ブリントン
2079 認知症と長寿社会――信濃毎日新聞取材班
2082 変わる家族と介護　春日キスヨ
2093 ウェブ×ソーシャル×アメリカ　池田純一
2094 「認められたい」の正体　山竹伸二

日本語・日本文化

105 タテ社会の人間関係 中根千枝
293 日本人の意識構造――会田雄次
444 出雲神話――松前健
1193 漢字の字源――阿辻哲次
1200 外国語としての日本語――佐々木瑞枝
1239 武士道とエロス――氏家幹人
1262 「世間」とは何か――阿部謹也
1384 マンガと「戦争」――夏目房之介
1432 江戸の性風俗――氏家幹人
1448 日本人のしつけは衰退したか――広田照幸
1738 大人のための文章教室 清水義範
1889 なぜ日本人は劣化したか――香山リカ
1943 なぜ日本人は学ばなくなったのか――齋藤孝
2006 「空気」と「世間」――鴻上尚史
2007 落語論――堀井憲一郎
2013 日本語という外国語 荒川洋平
2033 新編 日本語誤用・慣用小辞典 国広哲弥
2034 性的なことば――井上章一 斎藤光 澁谷知美 三橋順子 編
2035 22歳からの国語力――川辺秀美
2057 自立が苦手な人へ――長山靖生
2065 江戸の気分――堀井憲一郎
2067 日本料理の贅沢――神田裕行
2088 温泉をよむ――日本温泉文化研究会
2092 新書 沖縄読本――下川裕治 仲村清司 著・編